Ihr Hobby

Skorpione

Ann Web · Herbert Schiejok

Ulmer

Inhaltsverzeichnis

Aus dem Englischen. Fachliche Durchsicht: Herbert Schiejok.
Titelfoto: Zoonar/ Nico Smit

Haftungssausschluss
Eine Garantie für die Richtigkeit der in diesem Buch enthaltenen Empfehlungen kann nicht gegeben werden. Autor und Verlag übernehmen keinerlei Haftung für Schäden und Unfälle. Der Verlag Eugen Ulmer ist nicht verantwortlich für die Inhalte der im Buch genannten Webseiten.

Skorpion-Hotline
Skorpion-AG „SCORPIONIDA"
Herbert Schiejok
Breslauer Str. 10
42859 Remscheid
Tel. 02191-342191
Fax. 02191-39522
E-Mail:ScorpinaHS@aol.com

Giftnotruf
Klinikum rechts der Isar, Technische Universität München
Tel. 089-19240
E-Mail: tox@lrz.tum.de
Abteilung für Klinische Toxikologie und Giftnotruf München
Ismaninger Str. 22, 81675 München
Sekretariat Tel. 089-4140-2241, Fax 089-4140-4789
E-Mail: tox-sekretariat@lrz.tum.de

Bibliografische Information der Deutschen Nationalbibliothek
Die Deutsche Nationalbibliothek verzeichnet diese Publikation in der Deutschen Nationalbibliografie; detaillierte bibliografische Daten sind im Internet über http://dnb.d-nb.de abrufbar.

Wollgrasweg 41, 70599 Stuttgart (Hohenheim)
E-Mail: info@ulmer.de
Internet: www.ulmer.de
Umschlagentwurf: Sojus Design, Kai Twelbeck, Stuttgart
Druck und Bindung: Westermann Druck, Zwickau
Printed in Germany

ISBN 978-3-8001-7648-9

Zum Geleit

Dieses Buch soll eine Handreichung für den Skorpionliebhaber sein und besonders dem Anfänger in der Skorpionhaltung nützliche Tipps geben. Neben einer allgemeinen Hinführung zum Thema und allgemeiner Betrachtungen zum Skorpion als Tier in seiner natürlichen Umwelt und in seinem Zuhause „Terrarium“ wird ein spezieller Gattungs- und Artenteil vorgestellt, in dem Tiere besprochen werden, die recht häufig angeboten werden. Hier werden die Gattungen – Arten in ihren Haltungsansprüchen und ihrem Aussehen vorgestellt. Besonderheiten, die von der„normalen“ Haltung abweichen, werden benannt und aufgeführt. Dass ich als Co-Autor auftrete, hat den besonderen Grund, dass das Buch von Ann Webb für den „Deutschen Markt umgebaut” und spezifiziert werden musste. Zu Beginn wird eine kurze Auflistung von wichtigen Deutschen Vereinigungen, die weiterhelfen können, gegeben. Ich hoffe, dass das Buch für den Anfänger und auch für den fortgeschrittenen Skorpionhalter nützliche Anregungen geben kann. Auf Grund der beschränkten

Skorpione gehören zu den am meisten gefürchteten Tieren der Welt. Etwa 25 Arten von ihnen sind ausgesprochen gefährlich, weshalb Skorpione mit Vorsicht zu behandeln sind. Foto: Dr. Herbert R. Axelrod

Die Haltung von Skorpionen ist ein sehr spezialisiertes Hobby. Sie sind über den Zoofachversand und in Zoofachgeschäften zu erwerben. Foto: Dr. Herbert R. Axelrod

Seitenzahl kann natürlich nur ein grober Überblick gegeben werden, der das Studium weiterer Literatur unabdingbar macht.

Herbert Schiejok, Remscheid

Einleitung

Während ich hier in der ländlichen Umgebung im Herzen von England sitze und dieses Buch schreibe, frage ich mich, was die in den Tropen und Subtropen beheimateten Skorpione dieser Welt wohl davon halten würden, wüssten sie von meiner derzeitigen Beschäftigung. Vermutlich wären sie kaum beeindruckt, denn Skorpione führen generell ein sehr zurückgezogenes Leben und halten nichts vom Umgang mit Menschen.

Skorpione - ungewöhnliche, rätselhafte und prähistorisch anmutende Kreaturen, die das Herz des Menschen wohl mit mehr Furcht erfüllen, als die Gesamtheit aller Spinnen dieser Welt es vermag, weil sie als sehr giftig verschrien sind.

Skorpione - welcher Mensch würde wohl im vollen Besitz seiner geistigen Kräfte einem Skorpion den Rang eines „Haustieres“ einräumen?

Skorpione - woher kommen sie, wie haben sie sich entwickelt, und welchen Zweck erfüllen sie? Wie bei allen anderen Kreaturen, ob liebenswert oder unsympatisch, muss es auch bei diesen achtbeinigen, stachelbewehrten Miniaturmonstern einen Grund für ihre Existenz auf Erden geben. Die Natur erschafft nichts Sinnloses.

Skorpione sind in den Tropen und Subtropen, zum Teil auch in den gemäßigten Breiten der Welt zu finden - kleine, große und mittelgroße - aber wer kommt schon auf die Idee, sie in einem Terrarium in der Wohnzimmerschrankwand zu halten? Die Mehrheit der Menschen würde die Haltung von Skorpionen als Haustiere mit Sicherheit als etwas ausgesprochen Befremdliches betrachten.

Wie dem auch sei, Skorpione sind zweifellos faszinierende, mehr oder weniger zurückgezogen lebende Tiere, für die sich die Wissenschaftler schon immer sehr interessiert haben.

In der letzten Zeit erhalte ich mehr und mehr Briefe von Menschen, die bereits Skorpione pflegen oder sich gerne mit dieser ungewöhnlichen Tierfamilie beschäftigen wollen und um Ratschläge bitten. In den letzten Jahren wurde viel über Skorpione geschrieben und veröffentlicht, nur sind diese Informationen für den privaten Halter dieser Tiere von nur geringem Nutzen - eine Tatsache, die mich dazu veranlasste, dieses Buch als Nachfolgewerk meines Buches über Vogelspinnen zu schreiben.

Wer pflegt denn nun Skorpione? Nun, beispielsweise ich, auch wenn sich in meiner Terrarienanlage mehr Vogelspinnen als Skorpione befinden. Die meisten Zoos, die über eine Insektenabteilung verfügen, besitzen auch eine kleine Anzahl Skorpione, die in den überwiegenden Fällen aus *Pandinus (Pandinus) imperator* (dem Kaiserskorpion) besteht. Die meisten Menschen haben bereits mit Verwunderung festgestellt, dass Skorpione auch immer häufiger im Zoofachhandel als „Haustiere“ angeboten werden und viele von ihnen haben kaum eine Vorstellung davon, unter welchen Bedin-

Der Kaiserskorpion, *Pandinus (Pandinus) imperator.* Foto: Vince Hull-Williams

gungen diese Tiere in einem Terrarium zu halten sind. Mit dem wachsenden Interesse steigt auch die Nachfrage nach spezialisiertem Wissen über die einzelnen Arten und deren Pflegeansprüche und derartige Informationen sind natürlich für das Leben dieser Tiere in einem Terrarium ungemein wichtig. Sicherlich gehören Skorpione nicht zu den attraktivsten Vertretern der Tierwelt. Ihr Erscheinungsbild, das die Vorlage für so manches Filmmonster geliefert hat, wirkt auf die meisten Menschen eher abschreckend. Es gibt jedoch weltweit bereits einige Tausend Liebhaber, die mindestens ein solches Exemplar halten und mit Hingabe pflegen. Viele Skorpione werden für Zwecke der Erforschung von Giften in Laboratorien und wissenschaftlichen Instituten gehalten, jedoch erfreuen sie sich auch einer zunehmenden Beliebtheit als „Haustiere“. Aus diesem Grunde bin ich der Meinung, dass die Zeit gekommen ist, den interessierten Individualisten einen Leitfaden in Form dieses Buches zu widmen. Es wird hoffentlich dazu beitragen, den in Terrarien gepflegten Skorpionen ein langes und gesundes Leben zu ermöglichen.

Das Mindeste, was wir tun können, ist ihre natürlichen Lebensräume so genau wie möglich zu imitieren. Doch leider stößt man oftmals bereits an diesem Punkt auf Probleme, denn in vielen Fällen ist über den natürlichen Lebensraum einer Art nur sehr wenig oder auch gar nichts bekannt. Obwohl etliche Arachnologen im Verlauf der letzten Jahre ein verstärktes Augenmerk auf die Skorpione gerichtet haben, sind nur wenige der so erhaltenen Informationen zu Papier gebracht worden. Individuelle Veröffentlichungen über Skorpione sind leider immer noch eine Rarität und die wenigen erhältlichen Angaben finden sich meistens als Anhängsel in sich mit

Heterometrus spec. (spinifer), der Malayische Waldskorpion.

Arachniden beschäftigenden Büchern oder den für den Laien unergründlichen Tiefen wissenschaftlicher Arbeiten und Journale.
Auch wenn die Vertreter der vielen Arachnidenordnungen (Spinnen, Milben, Zecken, Solifugen und Geißelspinnen) genau wie die Skorpione acht Laufbeine besitzen, sind sie dennoch voneinander sehr verschieden. Obwohl viele von ihnen ähnlich wie Vogelspinnen gehalten werden können, verlangen doch nicht wenige ganz spezielle Pflegemaßnahmen. Die Skorpione (Scorpionida) gehören mit etwa 1.500 Arten zur Klasse Arachnida. Von all diesen Arten fallen jedoch nur etwa 25 in die Kategorie der für den Menschen gefährlichen Arten. Auf Grund der bekannten Todesfälle ist es offensichtlich, dass im Umgang mit diesen Tieren größte Vorsicht geboten ist. In vielen Gebieten wie z.B. Marokko, Tunesien und Arizona kann man auf einige ausgesprochen gefährliche Vertreter der Scorpionida treffen, vor denen man sich unbedingt in acht nehmen sollte, besonders wenn man sich nachts im Freien aufhält. Skorpione sind in den meisten Teilen ihrer Verbreitung nocturnal (nachtaktiv).

Diese Tiere reagieren gewöhnlich nur dann aggressiv, wenn sie sich ernsthaft bedroht fühlen. Normalerweise suchen sie bei einer Störung ihr Heil in der Flucht und ziehen sich in den Schutz eines Erdloches, einer Gesteinsspalte oder eines anderen Unterschlupfes zurück.

Generell sind tödlich oder hochgradig giftige Skorpione nur bedingt (für den erfahrenen Halter) für die Haltung in einem Terrarium geeignet. In vielen Gebieten Deutschlands wie auch in England ist die Haltung von gefährlichen Gifttieren verboten und erfordert daher eine spezielle Ausnahmegenehmigung für die Haltung. Es kommt immer auf das jeweilige Bundesland an, ob Gifttiere zum Beispiel bei der Polizei meldepflichtig sind. Sie müssen sich erkundigen. In den USA existieren derartige Einheitsgesetze nicht, obwohl in bestimmten Städten oder auch einzelnen Staaten der Verkauf von gefährlichen Skorpionen gesetzlich eingeschränkt oder verboten ist. Es ist deshalb wichtig, dass sich jeder Skorpionhalter über die entsprechende Gesetzeslage informiert und auch in der Lage ist, gefährliche Arten zu identifizieren.

Es wäre wünschenswert, wenn sich Händler von gefährlichen Skorpionarten vor dem Verkauf einen Einblick in die Fähigkeiten und den Erfahrungsschatz des potentiellen Käufers verschaffen würden. Es kommt jedoch häufig vor, dass ein Händler von seinem Großhändler falsche Informationen erhält und Skorpionarten anbietet, die möglicherweise gefährlich sind. Auf der anderen Seite gibt es aber auch Händler, die sich dieser Tatsache bewusst sind und trotzdem das damit für den Käufer verbundene Risiko einfach ignorieren. Derartige Umstände können die Bemühungen um den Erwerb einer geeigneten Skorpionart erheblich erschweren.

Zusammenfassend gesagt sollte man bereits vor dem Kauf alle verfügbaren Informationen über die zu pflegende Art und ihre Haltungsansprüche zusammengetragen haben. Man sollte unbedingt in der Lage sein, die gefährlichen Arten zu identifizieren.

ARTENLISTE

In der folgenden Auflistung sind einige der bekannteren, aber auch einige der weniger bekannten Arten enthalten, die zumindest gelegentlich in Zoofachgeschäften oder über Großhändlerlisten angeboten werden. Die Angaben zu den Verbreitungsgebieten sind sehr allgemein gehalten, und die aufgeführten Tri-

Artenliste

Androctonus australis; Gelber Sahara Dickschwanzskorpion; Algerien, Ägypten, Libyen, Marokko, Israel, Senegal, Somalia, Tunesien
Androctonus bicolor(aeneas); Schwarzer Nordafrikanischer Dickschwanzskorpion; Algerien, Ägypten, Israel, Jemen, Jordanien, Libyen, Marokko, Syrien, Tunesien
Androctonus mauretanicus; Kleiner Schwarzer Dickschwanzskorpion; Marokko
Butheoloides monodi; Großer Skorpion; Senegal
Buthus atlantis; Gelber Dünnschwanzskorpion; Marokko
Buthus occitanus; Gelber Mittelmeerskorpion; Algerien, Burkina Faso, Tschad, Ägypten, Äthiopien, Frankreich, Gambia, Guinea, Guinea-Bissau, Irak, Jordanien, Libanon, Libyen, Mali, Malta, Mauretanien, Marokko, Niger, Nigeria, Palästina, Portugal, Senegal, Somalia, Sudan, Spanien, Tunesien
Centruroides exilicauda (ex – sculpturatus); Kleiner Borkenskorpion; Mexico, USA
Centruroides gracilis; Kleiner Texas-Skorpion; Antillen, Belize, Brasilien, Chile, Equador, Guatemala, Honduras, Columbien, Costa Rica, Mexico, Nicaragua, Panama, USA, Venezuela
Centruroides hentzi; Hentzi Borkenskorpion; USA
Centruroides limbatus; Blaugelber Skorpion; Guatemala, Costa Rica, Nicaragua, Panama
Centruroides vittatus; Dreigestreifter Rindenskorpion; Mexico, USA
Hottentotta hottentotta (Syn. Buthotus); Roter Skorpion; Zentralafrika
Isometrus maculatus; Kleiner Borkenskorpion; Kosmopolit
Leiurus quinquestriatus; Fünfgestreifter Gelber Wüstenskorpion; Deathstalker, Algerien, Tschad, Ägypten, Israel, Jemen, Jordanien, Quatar, Libanon, Libyen, Niger, Palästina, Saudi Arabien, Arabische Emirate, Sudan, Syrien, Türkei
Mesobuthus eupeus; Kleiner Rindenskorpion; Afghanistan, Armenien, Aserbeidschan, China, Indien, Irak, Iran, Kasachstan, Mongolei, Pakistan, Russland, Syrien, Türkei,
Mesobuthus gibbosus; Kleiner Rindenskorpion; Albanien, Jugoslawien, Mazedonien, Syrien, Türkei
Parabuthus granulatus; Granulierter Dickschwanzskorpion; Angola, Botswana, Kenia, Namibia, Zimbabwe
Parabuthus liosoma; Gelber Südafrikanischer Dickschwanzskorpion; Südafrika bis Sahel
Parabuthus mosambicensis; Südafrikanischer Dickschwanzskorpion; Botswana, Mosambique, Zimbabwe

Artenliste

Parabuthus transvaalicus; Schwarzer Südafrikanischer Dickschwanzskorpion; Südafrika
Euscorpius-Arten; Kleine Europäische Skorpione; Südliches Europa bis Russland, Südengland
Hadogenes spec.; Flache Spaltenskorpione; Südafrika bis Mosambique
Hadruroides arizonensis; Großer Haariger Texas-Skorpion; Mexico, Arizona, Kalifornien, Nevada, Utah
Hadruroides lunatus; Peru-Skorpion; Bolivien, Chile, Equador, Kolumbien, Peru, Venezuela
Heterometrus scaber; Schwarzer Thai-Skorpion; Indien
Heterometrus cyaneus; Blauschwarzer Thai-Skorpion; Indonesien, Malaysia
Opisthophthalmus glabifrons; Glänzender Höhlen-Skorpion; Südafrika bis Tansania
Pandinus(Pandinus)imperator; Kaiserskorpion; Zentralafrika
Scorpio maurus; Palmenskorpion, Nordafrika bis Israel

vialnamen sind die am häufigsten verwendeten. Man beachte bitte, dass diese Trivialnamen generell von Land zu Land, Autor zu Autor und Jahr für Jahr verschieden sind. Auch die wissenschaftlichen Namen unterliegen Änderungen, weshalb hier jene verwendet werden, die auch am Häufigsten in den Standardwerken Verwendung finden. Wissenschaftliche Taxa werden ständig revidiert, was der Halter unbedingt beachten muss. Die vorstehende Liste nennt die häufig erhältlichen Arten in Deutschland mit wissenschaftlichem Taxum, Trivialnamen und Herkunft. (Nicht identisch mit der Gattungs- und Artenliste.) Der Leser wird Verständnis dafür haben, dass es im Rahmen dieses Buches unmöglich ist, die Gesamtheit der Skorpione dieser Welt aufzuführen. Ich habe mich deshalb auf die Arten und Unterarten beschränkt, die von Zeit zu Zeit im Angebot auftauchen Daraus ist zu schließen, dass eigentlich nur relativ wenige der oben genannten Arten für den Interessierten einfach erhältlich und zu empfehlen sind. Selbst auf das Risiko hin, dass ich mich wiederhole - einige der genannten Skorpione sind gefährlich, und wer sich dennoch mit dem Gedanken trägt, sich eine dieser Arten anzuschaffen, sollte sich im Kapitel „Gattungen und Arten“ vorher eingehend über sie informieren.

Was ist „Artgerechte Haltung"? Über diese Frage kann man (Leser, Autoren, Tierschützer, Bedienstete zoologischer Gärten, Wissenschaftler etc.) stundenlang sinnieren, ohne zu einem endgültigen Ergebnis zu kommen, denn dieses wird es nicht geben. Man kann die Natur nicht imitieren oder gar nachbauen. Kein Terrarianer ist in der Lage, ein Biotop in seinem begrenzten Terrarienraum genau nachzubilden.

Dies ist der Angriffspunkt der Tierschützer und oft der Angestellten der Umweltbehörden gegen das Halten von Wildtieren, das sind Tiere, die nicht domestiziert worden sind. Das Hauptargument oben genannter Gruppe ist dann häufig: „Das Wildtier gehört in seine natürliche Umwelt, da es sich auf einem begrenzten Raum, wie einem Terrarium, nicht wohl fühlen kann. Jedes der Natur entnommene Tier ist für diese verloren und kann nicht mehr ersetzt werden. Terrarienliebhaber befriedigen nur ihr Prestigedenken mit der Haltung exotischer Tierarten."

Ich denke, bei dieser Argumentation wird viel übersehen. Wer, wenn nicht die Privathalter oder die Angestellten zoologischer Gärten, haben über viele Tierarten - und dazu gehören auch besonders die Skorpione - erst Genaueres herausgefunden? Wie viele Biotope und Lebensräume sind schon vernichtet worden und die Tiere dieser Regionen konnten nur durch die Haltung in Menschenhand vor dem Aussterben gerettet werden? Wenn ich daran denke, in welch rasantem Tempo heute die Tropischen Regenwälder vernichtet werden ... muss man da nicht automatisch versuchen, die Bewohner zu züchten und sie so weiter am Leben erhalten? Wer weiß, welche Krankheiten von Tieren übertragen werden ... nur im persönlichen Biotop (hier in Forschungsanstalten) kann das nachvollzogen werden. Giftanalysen ... erst machbar, wenn die Gifttiere in

Hadogenes spec., ein Spaltenskorpion aus Südafrika. Foto: Archiv bede-Verlag

Versuchslaboren gehalten werden ... dann kann erst die Herstellung eines Antivenins erfolgen.
Sicher müssen die Tiere in ihren natürlichen Lebensräumen erforscht werden, um sie dann außerhalb derselben zu züchten. Natürlich müssen Tiere „artgerecht" gehalten werden. Es darf nicht zu Qualhaltungen kommen, was früher sehr oft der Fall war (meist aus Unkenntnis), heute leider immer noch häufig zu finden ist, der Leser möge nur an die Millionen von Hamstern, Meerschweinchen, Heimvögeln etc. denken, die ein trostloses Leben in kargen Hälterungsapparaturen, die auch viel zu klein waren und sind, fristen mussten und müssen. Hier sollte der Umweltschutzgedanke im Privaten greifen, wenn er aus menschlicher Gewinnsucht und menschlichem Raubbau an der Natur schon kaum aufzuhalten ist.
Sehen wir uns einmal an, was „artgerecht" bedeuten kann. Die Tierschützer werden kaum eine Unterbringung außerhalb der Natur anerkennen, müssen sich aber mit einer solchen abfinden und das Beste aus ihrer Situation machen, was vielerorts in den Industrienationen passiert.

Artgerechte Haltung

Ich definiere „artgerecht" folgendermaßen:

„Artgerechte Tierhaltung berücksichtigt die Faktoren, die im natürlichen Biotop gegeben sind. Dazu gehören klimatische Bedingungen, geographische Gegebenheiten, Sozialverhalten, Größe der Tiere, die Gesamtheit ihrer Lebensäußerungen, ihr Fortpflanzungsverhalten, ihr Beuteerwerb... Diese Grundbedingungen des Lebens gehören zu den Faktoren, die wir versuchen müssen, in unseren Terrarien nachzuempfinden, so weit es uns möglich ist. Wichtig ist, dass der Terrarienbewohner die Möglichkeiten hat, einen Großteil seiner Lebensäußerungen im beengten Raum des Terrariums auszuleben, was in der erfolgreichen Nachzucht über viele Generationen hin gipfeln muss, so dass eine Entnahme aus der Natur nur zur Blutauffrischung erforderlich wird. Erfolgreiche, dauerhafte Nachzuchten erscheinen mir ein Indiz für artgerechte Haltung zu sein. Qualzuchten entfallen natürlich, sowie eine Verbastadierung unbedingt (besonders bei Gifttieren) zu vermeiden ist. Ich halte es auch nicht für nötig aus jedem Tier einen Albino „herzustellen", Tiere, die in der Natur, durch ihre auffällige Färbung von vorne herein zum Aussterben verdammt wären, da sie jeder Fressfeind sofort entdecken würde. Albinos sind Zufallsprodukte von „Mutter Natur" und keine normale Erscheinung. Dies gilt auch für die anderen herangezüchteten Formen, die ich ablehne."

Sehen wir uns in dieser Hinsicht unsere Skorpione (ich will hier einmal ausnahmsweise pauschalisieren) an. Es sind „Schattenjäger", also nachtaktive Tiere. Ihr Jagderwerb ähnelt denen von Lauerjägern, die also nur ein begrenztes Areal benötigen, da sie ihre Beute sonst gar nicht ergreifen können. Sie sind Tiere, die Schutz vor grellem Licht suchen, da sie ansonsten dehydrieren und zum Tode verurteilt sind. Sie leben – je nach Art – entweder solitär, semi-sozial oder sozial (hier will ich bewusst gängigen Meinungen widersprechen). Sie stellen in der Regel wenige Ansprüche an ihre Umwelt, sind in der Lage extreme Bedingungen ohne Schaden hinzunehmen (siehe „kurzfristig tief gefrorene Tiere", die wieder zum Leben erwachen), siehe dehydrierte Tiere, die durch einen Regenguss ihr Bewusstsein wieder erlangen, siehe die Überlebenden in den Gebieten von Nevada, wo Atomwaffen getestet wurden und viele Beispiele mehr. Skorpione können zu Kulturfolgern werden, können sich in fremden Gebieten heimisch machen, siehe Südengland, wo eine Kolonie von *Euscorpius flavicaudus*, wahrscheinlich durch die Römer eingeschleppt, seit Jahrhunderten überleben und sich fortpflanzen.

Ein Exkurs

Jeder Tourist in Nordafrika wird sicher schon die Show des suizid-gefährdeten Skorpions gesehen haben; ein Skorpion wird in einen Feuerkreis gesetzt, aus dem er nicht entkommen kann; er rennt wie wild herum, um sich zu verstecken; er beginnt, mit dem Metasoma um sich zu schlagen – was so aussieht, als ob er sich stechen würde; bald liegt er auf dem Rücken, mit lang ausgestrecktem Metasoma... Exitus... Show zu Ende. Was der Tourist nicht sieht: Nach Ende der „Show" beginnt sich der Skorpion langsam wieder zu bewegen, er war durch den Feuerkreis überhitzt und dehydriert, was die Starre zur Folge hatte; jetzt, bei der Abkühlung, erwacht er zu neuem Leben, nun fehlt nur noch etwas Feuchtigkeit und unser „Selbstmordkandidat" rennt wieder lebendig herum. Tierquälerei – sicherlich, aber was zählt ein Gifttierleben in Ländern, wo schon Menschenleben nichts zählen – aber auch ein Zeichen für die Kunstfertigkeit der Natur ihre Geschöpfe zu schützen!

Die meisten Skorpione sind auf Ausharren programmiert: Sie können ihren Stoffwechsel so weit herunterfahren, dass sie lange Perioden ohne Futter und mit sehr wenig Wasser überleben. Ein scheinbares Paradoxon ist der Fakt, dass Skor-

pione, die in „artgerechten" Terrarien gehalten werden oft nicht so alt werden wie Tiere, die in einer Heimchenbox gehältert werden, ohne Licht und Heizung in einer Styrobox, nur hin und wieder gefüttert und mit ein wenig Wasser versorgt. Ein Paradoxon ist dies nicht, sondern eine typische Überlebensstrategie der Skorpione, die sie wahrscheinlich über 100 Millionen Jahre fast unverändert hat überleben lassen.
Wenn wir uns das vor Augen halten, können wir, wenn wir über die geographischen und klimatischen Bedingungen Bescheid wissen, eine Skorpionhaltung beginnen.

Lauerjäger: Das Terrarium muss nicht groß sein. Ein *Androctonus australis* (den ich hier als Beispiel anführen möchte) benötigt ein Terrarium von 15 x 25 X 20 cm Größe. So kann er bequem seine Beute ergreifen, ohne unnötigen Stress, was aber wieder bedeutet, nicht zu häufig füttern, sonst leidet auch er an der Zivilisationskrankheit „Übergewicht" mit all den negativen Auswirkungen, denn er bekommt sein Futter ja gereicht, welches aus der Enge des Terrariums nicht verschwinden kann, während der wild lebende Skorpion immer wieder Pannen bei der Jagd erleidet.

Schattenjäger: Nachtaktives Tier, also verträgt unser Dickschwanzskorpion kein grelles Licht. Natürlich muss ein Tag- Nacht-Wechsel gegeben sein, aber dafür reicht eine Sparlampe oder eine Neonröhre. Andererseits heißt das aber auch – Futter erst am Abend geben. Wichtig – ein Unterschlupf, in den er während des Tageslichts schlüpfen kann. Da die Skorpione enge Verstecke lieben, nimmt man am Besten ein Versteck mit Rückenkontakt.

Bewohner extremer Wüstengebiete: Hohe Temperaturen von oben bis zu 32 Celsius, aber ein feines, tiefes Substrat (Sand oder Sand-Lehm-Gemisch), damit er der Tageshitze durch „Flucht nach unten" entkommen kann. Dort findet er auch Restfeuchtigkeit vom Morgennebel (bei Küstenwüsten) oder Restfeuchte, die noch nicht verdunstet ist. Um ihm dies im Terrarium zu bieten ist ein flaches Wasserschälchen unabdingbar, da ein beengter Raum rascher austrocknet.

Einzelgänger: *Androctonus australis* ist recht solitär lebend und findet sich nur zur Paarung mit einer Geschlechtsgenossin oder einem Geschlechtsgenossen zusammen. Also braucht man sich da keine Gedanken machen, wenn man nur ein Tier hält. (Zucht ist allerdings anzustreben, aber dazu später mehr).

Tastjäger: Ästhetische Ansprüche an sein Heim stellt er nicht, da er nur sehr schlecht sieht. Seine Beute nimmt er durch deren Bewegungen wahr, mit Hilfe seiner Tasthaare und der Kammorgane. Da er nicht gut sieht, muss das Terrarium eigentlich nicht schön sein, da das sein Interesse nicht findet.

Gifttier: *Androctonus australis* ist ein gefährlicher Bursche mit einem potenten Gift, das erfordert ein absolut ausbruchsicheres Terrarium. Dazu gehört auch: so wenig Handling mit dem Tier wie nötig.

Ein sicheres, der Größe des Skorpions angepasstes Terrarium, etwas geographische und klimatische Kenntnisse und ein wenig angelesene Verhaltensforschung und wir können ein Tier artgerecht halten (Voraussetzung ist immer: Disziplin, Verantwortungsbewusstsein und Interesse für sein Tier; sonst ist man zum Tierhal-

Hadogenes granulatus, der Granulierte Felsenskorpion aus Zimbabwe.

ter (und wenn es „nur" ein Skorpion ist), völlig ungeeignet. Dazu gehören fernerhin Selbststudium durch Fachliteratur und durch Beratung von Fachleuten, denn nur der Dumme fragt nicht, weil er sich maßlos selbst überschätzt!

Was ich jetzt vorgestellt habe ist pauschalisiert und auch sehr vereinfacht, aber im Prinzip nach meiner Definition „artgerechte" Haltung, da mein *Androctonus australis* in dem so ausgestatteten Terrarium den größten Teil seiner Lebensäußerungen ausleben kann. Auch der Halter ist recht optimal geschützt und einem zufriedenen Skorpionsleben steht nun eigentlich nichts mehr im Wege, nur noch ein Partner, was leicht zu ändern ist. Dies soll das nächste Kapitel genauer zeigen.

Wildfang oder Nachzucht?

Vor diese Frage wird jeder Tierhalter gestellt. Ich will diese Frage aber nur in Hinsicht auf die Skorpione erörtern. Nach dem vorher Gesagten muss die Frage eindeutig mit „Nachzucht" beantwortet werden, nur – hier kommt das Problem - , da die Skorpione bis vor wenigen Jahren nur eine unbedeutende Randgruppe der Terraristik waren, ist die Geschichte der Nachzuchten noch nicht sehr lang. Zuerst waren es zufällig schwangere Tiere, die importiert wurden und dann Junge im Terrarium bekamen.

Ein gutes Beispiel hierfür ist *Pandinus (Pandinus) imperator.* Diese Art bringt es auf den Rekord bis zu fast zwei (!) Jahren schwanger sein zu können. Sie sucht sich den besten Moment, d. h. die besten Umweltbedingungen heraus, wenn sie ihre Jungen bekommen will.

Andere Skorpione wie unser *Androctonus australis* kann auch bis zu einem gewissen Zeitpunkt seine Niederkunft hinauszögern. Andere Skorpione stehen in dem „Verdacht", dass sie zur Jungfernzeugung fähig sind, was allerdings noch nicht hundertprozentig wissenschaftlich untermauert ist.

Erste echte Nachzuchten haben sich bei den großen Regenwaldskorpionen wohl auch eher zufällig ergeben, wenn verschiedene Tiere als Gruppe zusammen gehalten wurden. Echtes Wissen steckte hier noch nicht dahinter – dies beginnt sich erst seit ein paar Jahren fest im Kopf der Skorpionshalter zu manifestieren. Aber hier ist wieder ein großes Problem: Skorpione lassen sich nur recht schwer aufziehen, da sie sehr klein sind, ein sehr spezielles Bioklima zur Häutung brauchen und doch häufig zum Kannibalismus neigen, doch dazu mehr in einem anderen Kapitel.

Also konnte man vor Jahren noch nicht auf Nachzuchten zurückgreifen und war zwangsläufig auf Importe angewiesen. Viele Unabwägbarkeiten sind beim Erwerb eines solchen Tieres (siehe auch weiter unten) zu beachten:

1. Das Alter ist unbekannt.
2. Das Geschlecht ist unbekannt.
3. Der genaue Fundort ist unbekannt. Steht auf einer Box „Tansania-Skorpion", so heißt das in der Regel, dass der Großhändler das Tier über Tanzania bezogen hat, aber nicht unbedingt folgerichtig, dass der Skorpion auch aus Tanzania stammt.
4. Es ist nicht auf den ersten Blick ersichtlich, ob der Skorpion gesund ist. Innere Parasiten, Viren, Flagellaten etc. sind vom Laien kaum zu entdecken.
5. Die Tiere sind enorm gestresst, weil sie den gesamten Importweg über kaum richtig gepflegt wurden. Die Tiere werden eingesammelt, in Massenunterbringungen geworfen; vom Exporteur getrennt, wieder in Massenbehälter verbracht; aus dem Heimatland – oft in unmöglichen Behältern transportiert -; am Bestimmungsort vom Importeur, meist einem Großhändler, abgeholt, ausgepackt, vorläufig „zwischengelagert"; dann kauft ein Wiederverkäufer die Tiere, bringt sie in einem Showbecken irgendwie unter und schließlich kommt der letzte in der Kette, der Endverbraucher, der Terrarieninhaber. Die ganze Zeit über werden die Tiere im schlimmsten Fall kaum gefüttert und getränkt, auf falschen Substraten gehalten und was noch alles denkbar ist an Fehlern. Meist ist der Einzelhändler der Erste, sofern er das Wissen besitzt, der die Tiere einigermaßen „artgerecht" unterbringt. Aber auch hier die häufigen Fehler: z.B. *Pandinus (Pandinus) imperator* auf Sand zu halten, bald ein Todeskandidat oder *Androctonus australis* in einem Verkaufsraum aufzubewahren, der eine hohe Luftfeuchte aufweist, da auch Fische dort in ihren Aquarien auf ihre Käufer warten.
6. Schließlich kommen sie nach Hause zu ihrem endgültigen Halter, der dann oft wenig Freude an seinen Tieren hat, da diese bald sterben. Auch Skorpione halten nicht alles aus, auch wenn das nach meinen Vorbemerkungen nicht so erscheint. Die Tiere sind oft dehydriert. Man merkt das sehr gut daran, dass sie sich tagelang in oder in der Nähe der Trinkschale aufhalten, bis sie mit ihrem eigentlichen

Leben wieder beginnen. Weil sie sehr geschwächt sind, sind sie auch für Krankheiten und Parasiten sehr anfällig. Die Schwäche kommt neben der Dehydrierung besonders auf das Konto der ständigen Versande und Umsetzungen in neue Behälter. Nach meinen Erfahrungen bringt gerade dieser Faktor unserem sonst so robusten *Androctonus australis* und anderen „harten" Skorpionsarten sehr viel Stress.

Wenn wir das alles zusammen betrachten, muss in der Zukunft das Ziel liegen, die Tiere nachzuzüchten und so unnötige Einfuhren zu unterbinden, denn jeder kann sich vorstellen, dass auf dem eben beschriebenen Weg bestimmt 80% der eingeführten Tiere elend zu Grunde gehen. Hat das Tier die Strapazen aber überlebt und sich eingewöhnt, so hat man es geschafft und kann mit Sicherheit stolz sein.

Nachzuchten sind also auf jeden Fall den Wildfängen vorzuziehen, nur gibt es noch nicht von sehr vielen Arten gute, kräftige Nachzuchtstämme oder aber Halter, die Skorpione über lange Zeit nachziehen können. So ist der Käufer leider auch heute noch darauf angewiesen sich Wildfänge zu kaufen. Die Dezimierung frei lebender Tiere zeigt sich schon daran, dass *Pandinus (Pandinus) imperator, Pandinus (Pandinus) gambiensis* und *Pandinus (Pandinopsis) dictator* zu den geschützten Arten gehören (Anhang B), was zu einer Legitimierungsnummer durch den Importeur oder Züchter führt, so dass die Haltung dieser Arten bei der Unteren Landschaftsbehörde angemeldet werden muss. Leider steht zu befürchten, dass in naher Zukunft noch viel mehr Skorpione auf die Liste der gefährdeten Tiere kommen werden, denn die neueste Attraktion aus Nordafrika sind Briefbeschwerer aus Gießharz, in die eben unsere Überlebenskünstler gegossen werden und zu Millionen in die Industrieländer gebracht werden.

Für den Anfänger empfiehlt sich auf jeden Fall ein adultes Tier oder aber ein „Halbstarker", da diese Tiere einfacher einzugewöhnen und zu halten sind, da sie das Gröbste, die vielen Häutungen ihrer Baby- und Jugendzeit, schon hinter sich haben. Sind es Nachzuchttiere, kann sich der Anfänger genau erkundigen, wie er die Tiere halten muss und weiß auch, von wem sie stammen. Der seriöse Händler wird dem Käufer da immer hilfreich zur Seite stehen.

Handelt es sich um ein Importtier, so muss der Skorpionskäufer sich auf die Angaben des Zoofachhändlers verlassen und hoffen an einen geraten zu sein, der auch Bescheid weiß. Gibt er falsche Auskunft, so ist das nicht aus Boshaftigkeit, sondern er weiß es einfach nicht besser, da er nur Informationen über den Großhändler oder Importeur bekommen kann, die meist sehr spärlich sind. Skorpione bringen eben nicht das „Große Geld", sondern sind immer noch ein Randgebiet der Terraristik. Ein kleines Jungtier zu kaufen – davon rate ich Anfängern ab. Auch wenn er Informationen vom Züchter bekommt, so ist es ein sehr schwieriges Unternehmen, so einen kleinen Kerl wirklich groß zu bekommen. Wenn jemand behauptet, fast alle Nachzuchttiere großzuziehen, kann man diese Person ruhig als Aufschneider abtun, denn selbst den Experten gelingt es nur so recht und schlecht mehr als 50% der Jungtiere auch wirklich bis zu ihrem normalen Ableben in hohem Alter zu bringen: Es ist einfach noch viel zu wenig über die Bedingungen bekannt, wie man kleine Skorpione aufzieht. Dies soll aber noch einmal im Kapitel „Paarung und Jungtiere" näher thematisiert werden.

In der Regel wird es so sein, dass der Käufer einen Wildfang mit nach Hause nimmt, da dieser in der Regel auch viel preiswerter ist. Da muss er sich halt mit den Problematiken von aus der Natur entnommenen Tieren auseinandersetzen und eventuell auch Ausfälle in Kauf nehmen. Wichtig ist aber auf jeden Fall für jeden Käufer, dass er sich nie zu sicher ist, dass der eben erworbene Skorpion tatsächlich auch der Art angehört, als die er verkauft worden ist, denn gute Determinierung der Gattung und besonders der Art ist ein extrem komplexes Feld für Spezialisten. Nur wenige Skorpione kann man wirklich auf den ersten Blick hin einordnen!

Der Asiatische Waldskorpion, *Heterometrus longimanus*. Foto: Vince Hull-Williams

Die Grundlagen der Pflege und Unterbringung

Die Skorpione haben im Verlauf vieler Jahre bewiesen, daß sie selbst in den lebensfeindlichsten Lebensräumen überleben können. Die Vorfahren der heutigen Skorpione gehörten zu den ersten Lebewesen, die vor etwa 400 Millionen Jahren das Land eroberten. Obwohl ihre Vorfahren Meeresbewohner bis zu zwei Meter Länge und in ihrer Unterwasserwelt sehr erfolgreich waren, eroberten die frühen Skorpione in einem rasanten Tempo das Inland und wurden so die Vorreiter unserer heutigen rezenten Skorpione.

Die vielen fossilen Funde belegen die Theorie, dass Skorpione bereits vor vielen Millionen Jahren existierten. Einige der jüngeren Funde zeigen, dass Skorpione erstaunlicherweise in der Lage waren (und vermutlich auch noch sind) Feuer, Überschwemmungen und Erdbeben zu überleben und heute vielleicht sogar einen Nuklearkrieg überstehen könnten. Tatsächlich gedeihen einige in Wüstenregionen lebende Skorpione sogar noch in der Nähe von nuklearen Testgebieten. Hier gehört aber auch vieles der Fantasie an.

Skorpione werden oftmals als Wüstenbewohner beschrieben, was auf einige von ihnen auch durchaus zu-

Das Joshua Tree Nationaldenkmal in Kalifornien. Die Mojave Wüste bildet eine Übergangszone und bietet Skorpionen einen idealen Lebensraum. Diese Tiere sind nicht auf die Tropen beschränkt. Foto: Zoltan Takacs

trifft, jedoch gibt es auch viele regenwaldbewohnende Arten und solche, die in kühleren Gebieten mit Mittelmeerklima leben. Einige wenige Arten kommen so weit nördlich wie bis nach Kanada und Russland hinein vor. Generell kann aber gesagt werden, dass Skorpione nicht in Gebieten mit langen, kalten Wintern vorkommen und dass die meisten Arten tropische oder subtropische Bereiche bevorzugen. Auch die Aussage, dass Skorpione sozial in Gruppen leben, trifft nur auf einige Arten zu. Allerdings unter Terrarienbedingungen sind Sozial- und Pseudosozialverbände häufig erreichbar, bei geeigneter Tierauswahl. Es gibt viele Arten, die als „Einzelgänger" bezeichnet werden und nur in der Paarungszeit zu Gruppen zusammenkommen. Viele Skorpione legen ein kannibalistisches Verhalten an den Tag.
Bei der Terrarienhaltung können generell drei Lebensraumarten unterschieden werden:

Feuchtbiotope
Temperatur 25 bis 28 °C,
Luftfeuchtigkeit 70 bis 80 %.

Aride Gebiete
Temperatur 27 bis 35 °C,
Luftfeuchtigkeit bis 40%

Mittelmeerklima:
Temperatur bis zu 22 °C,
Luftfeuchtigkeit 50 bis 60 %.

Diese Angaben zeigen die Unterschiede zwischen den Klimazonen auf, in denen Skorpione in der Natur zu finden sind und stellen jeweils die Bedingungen dar, die im Terrarium nachzuempfinden sind. Genauere Angaben finden sich in Klimaatlanten, zum Beispiel der Universität Trier. Die folgenden Details sollen die Schaffung eines solchen Lebensraums und die Haltung von Skorpionen im Terrarium erleichtern.

Regenwald

Das Bodensubstrat sollte aus einer 7 bis 10 cm hohen Schicht aus leicht

Südwest-Kamerun, Afrika. Skorpione sind häufig in der Nähe solch typischer Wasserfälle zu finden. Foto: Paul Freed

Ein *Pandinus* aus dem Machakos Distrikt in Kenya, Afrika, eventuell *Pandinus (Pandinus) cavimanus*. Foto: Mark Smith

Im Südwesten von Namibia sind das Terrain und das Klima für viele Echsen, Schlangen und Skorpione ideal. Foto: Paul Freed

feuchtem Vermiculit, Torf oder auch aus einer Mischung beider Substanzen bestehen. Sehr gut eignen sich die Humusziegel, sie sind beinahe ideal zu nennen. Vermiculit trocknet zu schnell aus. Eine künstliche Höhle in Form eines Rindenstücks in einer Ecke sollte ebenfalls nicht fehlen. Diese Höhle wird am besten mit etwas Sphagnummoos bedeckt, damit sie natürlicher aussieht und somit williger akzeptiert wird. Außerdem trägt das Sphagnummoos, das täglich oder jeden zweiten Tag mit Wasser besprüht werden sollte, zum Erhalt der Luftfeuchtigkeit bei. Das Bodensubstrat selbst sollte hingegen nicht besprüht werden, denn dadurch kühlt der Bodengrund ab und die Luftfeuchtigkeit steigt im gesamten Terrarium auf Werte, die für die Skorpione nicht mehr geeignet sind.

Eine Beleuchtung ist bei der Haltung von Skorpionen weder notwendig noch zu empfehlen. In jedem Fall aber wird eine Unterbodenheizmatte oder -schlaufe benötigt, ganz besonders während der kalten Monate. Es ist nicht ratsam, die Heizmatte oder -schlaufe unter dem Bodensubstrat zu verlegen, denn Skorpione graben sich zum Abkühlen oftmals in den Bodengrund ein und würden dann unweigerlich in direkten Kontakt mit der Heizquelle kommen. Die Heizung sollte deshalb stets unter der Bodenplatte des Terrariums verlegt werden, und zwar so, dass lediglich ein Drittel des Beckens beheizt wird. Am besten sind Heizmatten oder -schlaufen mit eingebautem Thermostat geeignet, die dafür sorgen, dass die optimalen Haltungstemperaturen nicht unkontrolliert ansteigen oder absinken können. Auch geeignet sind über dem Terrarium angebrachte „Night-Light-Birnen".

Aride Gebiete

Auch hier wird eine Substrathöhe von ca. 8 cm verlangt. Für ein Terrarium mit wüstenbewohnenden Skorpionen eignet sich handelsüblicher Wüstensand am Besten, denn dieses Substrat ist sauber und schadstofffrei. Sand aus der Natur oder aus dem Baustoffhandel kann unter Umständen Substanzen enthalten, die für die Tiere schädlich sind. Ebenfalls gut geeignet ist feiner Flusssand, wie er im Aquarienhandel angeboten wird.

Ein Unterschlupf, der während der Tagesstunden aufgesucht werden kann, ist für diese nachtaktiven Tiere ein absolutes Muss. Ein halber Blumentopf, der für ein natürlicheres Aussehen mit Sand abgedeckt wird, ist für diesen Zweck gut geeignet. Es können auch einige kleinere Steine ins Terrarium eingebracht werden, die zum Einen einen nicht zu unterschätzenden Dekorationswert haben und den Tieren andererseits die Art von Versteckmöglichkeit bieten, die sie gewöhnlich auch in der Natur in Anspruch nehmen. Wichtig ist, dass die Tiere Rückenkontakt zu ihrem Versteck haben.

Auch hier kann auf eine Beleuchtung verzichtet werden. Beheizung durch einen Strahler (niedrige Wattzahl) oder eine Klebeheizung (durchsichtig) an der Seiten- oder Rückscheibe. Eine flache Trinkschale mit stets frischem Wasser ist unerlässlich.

Mittelmeerklima

In diesem Fall kann so ziemlich jede Art von Substrat verwendet werden, einschließlich Kies. Aus eigener Erfahrung kann ich jedoch sagen, dass sich Vermiculit, Torf oder eine Mischung aus Beiden am besten eignen. Die Substrathöhe sollte zwischen 7 und 10 cm betragen. Auch hier wird wieder ein Unterschlupf in Form eines Rindenstücks oder eines halben Blumentopfes verlangt, der mit Sphagnummoos abgedeckt und gelegentlich mit Wasser besprüht wird.

Im Gegensatz zu Vogelspinnen verwüsten Skorpione die Einrichtung ihres Terrariums nur selten. Deshalb

Im Westen von Kamerun ist Zivilisation mit Biotopzerstörung gleichzusetzen. Diese Tatsache übt einen enormen Druck auf die Populationen von Skorpionen und anderen Tieren aus, die in diesem Gebiet leben. Foto: Paul Freed

können im Fall von Arten aus dem Mittelmeerraum auch lebende Pflanzen ins Terrarium eingebracht werden. Zu diesem Zweck sind Grünpflanzen blühenden Arten vorzuziehen - beispielsweise kleine Farne, Efeu und ähnliche. Diese Skorpione kommen aus Gebieten mit einer relativ dichten Vegetation, weshalb eine Bepflanzung des Terrariums nicht nur einem besseren und natürlicheren Aussehen, sondern auch dem Wohlbefinden der Tiere dient. Euscorpius-Arten lieben Steinaufbauten, die leicht feucht zu halten sind.

Auch in diesem Fall kann theoretisch auf eine Beleuchtung verzichtet werden, jedoch wäre eine Leuchtstoffröhre vom „Tageslicht" dem Gedeihen der Pflanzen zuträglich. Die optimalen Temperaturen sollten sich in einem solchen Terrarium zwischen 18 und 21 °C bewegen. Wenn das Terrarium im Winter in einem unbeheizten Raum steht, ist eine Heizung wie bei den Bewohnern arider Gebiete notwendig.

Überall auf der Welt finden große Tierbörsen statt, auf denen jeder findet, wonach er sucht - auch Skorpione. Wo und wann welche Art von Tierbörse stattfindet, kann man Fachzeitschriften entnehmen oder im lokalen Zoofachhandel in Erfahrung bringen.

Der Kaiserskorpion, *Pandidus (Pandinus) imperator.* Foto: Isabelle Francais

Das Terrarium

Die Auswahl der Terrarien hängt von dem zur Verfügung stehenden Platzangebot, der Skorpionart und der Anzahl der zu pflegenden Exemplare ab. Einige Arten können gemeinsam in Gruppen gehalten werden, wohingegen andere Einzelgänger sind und einzeln untergebracht werden müssen. Die Arten, die in die Kategorie Einzelgänger fallen, sind im Kapitel „Gattungen und Arten“ aufgeführt.

Ein Terrarium für größere Arten (wie *Pandinus (Pandinus) imperator)* kann bis zu 90 cm lang sein, wohingegen für kleinere Arten wie Scorpio maurus Abmessungen von 30 x 20 cm (Länge x Breite) ausreichen. Die sehr kleinen Arten wie Bothriurus bonariensis geben sich mit bereits einer Grundfläche von 20 x 15 cm zufrieden.

Die Besitzer von größeren Terrarienanlagen tendieren dazu, ihre Skorpione in Plastikschachteln zu halten, die allerdings nicht sonderlich attraktiv aussehen. Ich persönlich rate zu Vollglas- oder Acrylglasterrarien, die in vielen unterschiedlichen Größen im Zoofachhandel erhältlich sind. Eine weitere Alternative sind kleine Plastikgewächshäuser, wie sie

Eine Pedipalpe des größten bekannten Skorpions, *Heterometrus swammerdami.* Foto: Vince Hull-Williams

Eine Pedipalpe oder Zange von *Centruroides gracilis.* Foto: Vince Hull-Williams

Eine Pedipalpe des Grabenden Dickschwanzskorpions aus Israel, *Scorpio maurus.*
Foto: Vince Hull-Williams

Die Pedipalpe von *Leiurus quinquestriatus.*
Foto: Vince Hull-Williams

Haltung von Skorpionen geeignet, die zum überwiegenden Teil alle Bodenbewohner sind. Es gibt allerdings auch Ausnahmen wie die Rindenskorpione (Centruroides), die sehr gut klettern können. Allerdings ist es nicht zu empfehlen, den zur Aufzucht von Jungpflanzen und Sämlingen verwendet werden. Ich halte beispielsweise ein Pärchen *Pandinus (Pandinus) imperator* in einem solchen Minigewächshaus, das sich auch gut für Regenwaldarten eignet. Um der Wahrheit die Ehre zu geben, muss ich gestehen, dass ich diese Idee von meinen Freunden John und Christine (aus Norfolk) übernommen habe, die ihre Pandinus ebenfalls in derartigen Behältnissen pflegen und Experten darin sind, die idealen Lebensräume für ihre vielen exotischen Tiere nachzuempfinden.

Genaugenommen sind alle möglichen Arten von Behältnissen zur Speicher und die Schränke nach irgendwelchen nicht mehr benötigten Haushaltsgegenständen zu durchforsten, um dann darin die Skorpione unterzubringen. Es sind heute derart viele geeignete und preiswerte Behältnisse im Zoofachhandel erhältlich, dass eigentlich jeder mit einem neuen und attraktiven „Terrarium“ beginnen kann,

Pedipalpe eines *Pandinus* spec.
Foto: Archiv bede-Verlag

ohne dafür gleich einen Kredit aufnehmen zu müssen. Tatsächlich kann man heute im Zoo- und Aquarienhandel sämtliches Zubehör erwerben, das ein Skorpionhalter benötigt, einschließlich Heizmatten und Thermostaten. Separate Thermostate können allerdings zu einer Falle werden, wenn man nicht genau weiß, wie sie zu handhaben sind. Am besten sind solche geeignet, die einen Temperaturfühler besitzen, der ins Terrarium gehängt werden kann. Ist der Thermostat erst einmal korrekt eingestellt, schaltet er die Heizung völlig selbstständig ein beziehungsweise aus, sobald die Temperatur den optimalen Bereich unter- oder überschreitet. Diese Art von Thermostat gehört zwar in die oberste Preisklasse, jedoch erhält man hier auch die gesuchte, zuverlässige Qualität. Im Zweifelsfall wird ein Fachverkäufer gerne mit Rat und Tat zu Diensten sein.

Torf und Vermiculit sind in den meisten Gärtnereien erhältlich, von denen auch viele Sphagnummoos anbieten. Vogelsand oder -grit kann in jedem Zooladen erworben werden und wird entweder abgepackt oder auch lose per Pfund oder Kilo angeboten. Humusziegel und andere Bodensubstrate bietet der Zoofachhandel und -versand an. Ich möchte noch einmal betonen, dass diese Bodengründe besser sind, als die oben benannten, da sie natürlicher sind und besser Wasser speichern. Die angegebenen Höhen für die Bodensubstrate sollten nicht unterschritten werden, denn Skorpione sind grabende Tiere und fühlen sich in einem Terrarium, in dem sie sich nicht eingraben können, nicht besonders wohl.

Das Terrarium sollte in keinem Fall zu niedrig sein und unbedingt über eine fest schließende Abdeckung verfügen, die nötigenfalls zusätzlich beschwert oder verriegelt werden muss. Die Notwendigkeit hierfür ergibt sich aus der Tatsache, dass Skorpione klettern können und dies auch gerne tun. Sie verfügen über ausgesprochen kräftige Metasomae und Beine, und können sie an eine unge-

Die Afrikanische Wanderheuschrecke, *Locusta migratoria,* ist ein geeignetes Futter für Skorpione. Foto: Michael Gilroy

sicherte Abdeckung heranreichen, sind sie sehr wohl in der Lage, diese mit dem Metasoma oder den Pedipalpen beiseite zu schieben. Ist diese Hürde erst einmal genommen, gibt es kein Halten mehr auf dem Weg in die vermeintliche Freiheit, und ein ausgebrochener Skorpion ist bestimmt kein Anlass zur Freude. Die Tiere können sehr schnell laufen und verschwinden umgehend unter losen Scheuerleisten, hochstehenden Teppichkanten und ähnlich geeigneten Unterschlüpfen. Die beste Vorbeugung ist also die, es gar nicht erst dazu kommen zu lassen. Ein Skorpion-Terrarium muss völlig ausbruchsicher sein.

Futter und Wasser

Trinkverhalten

Die großen, klauenartigen Fortsätze, die alle Skorpione besitzen, werden als Pedipalpen oder Zangen (auch Scheren) bezeichnet. Sie haben mehrere Funktionen und eine davon dient der Aufnahme von Flüssigkeit. Der Skorpion setzt sie dazu wie Schöpfkellen ein, weshalb es wichtig ist, das Terrarium mit einem geeigneten Wassergefäß auszustatten. Dieses Gefäß sollte tief genug sein, damit der Skorpion seine Zangen darin eintauchen und Wasser herausschöpfen kann, darf jedoch andererseits nicht so groß

und tief sein, dass er darin ertrinken kann. Skorpione können nicht schwimmen. Zu diesem Zweck kann eine flache Schale (z.B. ein Blumenuntersetzer aus Plastik) oder auch ein kommerzieller Trinknapf aus dem Zoohandel verwendet werden. Ein häufig begangener Fehler ist der, das Gefäß mit Watte oder Papier zu füllen, was der Eindämmung der Ertrinkungsgefahr dienen soll, jedoch auch verhindert, dass der Skorpion in der zuvor beschriebenen Weise Wasser aufnehmen kann, was er allerdings nicht häufig tut.

Futter

Natürlich brauchen Skorpione neben

Grillen, Heuschrecken und jeder sich bewegende Käfer stellen für einen hungrigen Skorpion geeignetes Futter dar. Hier eine Schwarzgrille aus West-Texas. Foto: Paul Freed

Eine kurzhörnige Heuschrecke aus Ecuador. Foto: Paul Freed

Wasser auch Futter. Sie sind ausgesprochen gierige Fresser und können sich schnell bis zum Platzen überfressen. Aus diesem Grund ist darauf zu achten, stets nur so viel Futter anzubieten, wie das Tier umgehend bewältigen kann. Beispielsweise sind zwei große Grillen als eine

Einem hungrigen Skorpion ist jede Art von Grille recht.
Foto: Marc S. Staniszewski

Die bekannte Grüne Heuschrecke, Gattung *Melanoplus*.
Foto: Aaron Norman

Mahlzeit für einen großen Skorpion völlig ausreichend. Wir füttern unsere Skorpione und Vogelspinnen einmal wöchentlich. Als Futter eignen sich die meisten großen Insekten, wobei das in Terrarien gebräuchlichste Futter aus Grillen und Heuschrecken besteht. Auch Schaben und Rosenkäferlarven werden gerne genommen.

Eine Malawi-Heuschrecke. Foto: Mark Smith

Wir verwenden gewöhnlich Heimchen, Steppen- oder Zweifleckgrillen, die alle einfach erhältlich und am Leben zu halten sind. Sie werden in enormen Stückzahlen kommerziell als Futtertiere gezüchtet und können genau wie Heuschrecken im Zoofachhandel oder im Abonnement über kommerzielle Futtertierzüchter erworben werden. Wer ständig auf größere Mengen und unterschiedliche Größen Zugriff haben muss, kann diese Futtertiere auch einfach selbst züchten.

Futterinsekten werden meistens in kleinen Plastikbehältern verpackt angeboten und müssen im Normalfall über mehrere Tage am Leben erhalten werden. Dazu eignet sich am besten ein kleines Plastikterrarium, dessen Boden mit Hundetrockenflocken, Haferflocken oder auch Kleieflocken bedeckt wird. Dann wird der Behälter mit leeren Eierkartons, Pappstreifen oder zusammenge-

Eine *Hadogenes* spec. vertilgt ein Mäusebaby. Fotos: Archiv bede-Verlag

Die Afrikanische Wanderheuschrecke, *Locusta migratoria*. Foto: Marc S. Staniszewski

drückten leeren Toilettenpapierrollen bestückt, damit sich die kannibalistisch veranlagten Grillen voreinander verstecken können. Grillen fressen so ziemlich alles - Kleie, Fischtrockenfutter, Hundeflocken, Haferflocken, Salatblätter, Obst, trockenes Brot usw. Ein Wassergefäß ist ungeeignet, denn die Grillen ertrinken darin sehr schnell. Hier kann stattdessen ein flaches Schälchen mit feuchter Wolle, feuchtem Papier oder Schaumstoff verwendet werden.

Das Becken sollte mit sehr feinmaschiger Gaze abgedeckt sein, so dass auch kleinste Grillen nicht entweichen können, es andererseits aber auch nicht zu einem Feuchtigkeitsstau kommen kann. In einem Grillenbehälter darf keine Feuchtigkeit

Der Große Haarige Texas-Skorpion, *Hadrurus arizonensis* aus der Mojave Wüste. Foto: Ken Lucas

Frisch geschlüpfte Heuschrecken und Grillen sind für kleinere Skorpione besser geeignet, als manche der größeren Hüpfer.
Foto: Marc S. Staniszewski

herrschen, denn dies führt schnell zur Bildung von Bakterienkolonien, die den Grillenbestand vernichtet.

Heuschrecken wie die großen Arten von Wanderheuschrekken aus Afrika sind nicht ganz so einfach zu halten und zu züchten, weshalb man immer nur solche Mengen einkaufen sollte, die für eine Fütterung ausreichen. Wer sich trotzdem an der Zucht versuchen möchte, benötigt einen großen Behälter, der unter einem Zwischenboden aus feinmaschigem Draht über eine Lade verfügt, die zum Saubermachen herausgezogen werden kann (wie auch bei Zimmervolieren für Vögel), denn Heuschrecken haben einen regen Stoffwechsel und verschmutzen ihr Behältnis sehr schnell. Als Eiablageschalen dienen zwei mit Sand gefüllte Plastik- oder Metallschachteln, die im Becken auf dem Zwischenboden platziert werden. Die Vorderseite des Heuschreckenbeckens besteht am besten aus feiner Gaze, die einen ungehinderten Luftaustausch ermöglichen, die Tiere jedoch gleichzeitig auch am Ausbrechen hindern. Der Behälter muss außerdem mit einigen dünnen Zweigen ausgestattet sein, auf denen die Tiere herumklettern können. Das Behältnis wird mit einer Glühlampe oder Unterbodenheizung auf eine Temperatur von konstant 35 °C aufgeheizt. Sinkt die Temperatur unter 32 °C, sterben die Heuschrecken.

Auch die Ernährung von Heuschrecken ist nicht ganz einfach. Sie müssen täglich mit trockenem Gras, Weizenkleie und Heu versorgt werden und das Futter darf niemals feucht sein. Sauberkeit ist hier ebenfalls ein wichtiger Faktor. Das Becken muss täglich von Futterresten, Kot und toten Heuschrecken befreit werden, denn Heuschrecken können in einer mit Bakterien verseuchten Umgebung nicht überleben. Anhand dieser Einzelheiten wird man schnell erkennen, weshalb ich persönlich dazu rate, diese Futtertiere lieber im Handel zu kaufen, denn dies vereinfacht alles erheblich.

Die vermutlich am häufigsten angebotene Art ist *Pandinus imperator*, ein sehr großer, massiger Skorpion, der allgemein auch als der Kaiserskorpion bekannt ist. Gelegentlich findet sich daneben *Hadrurus arizonensis* im Angebot, den man unter dem Trivialnamen Texas-Skorpion kennt. Eine Art, die man vermutlich vergeblich im Handel suchen wird und die als die wahrscheinlich größte Art der Welt gelten muß, stammt vom Indischen Subkontinent und trägt den wissenschaftlichen Namen *Heterometrus swammerdami*. Das größte bisher bekannte Exemplar stellte mit einer Gesamtlänge von 22,8 cm den bis heute ungebrochenen Rekord auf. Die eher typische Maximallänge der Art liegt allerdings bei nur 16,5 cm.

Pandinus (Pandinus) imperator

Der Kaiserskorpion ist vermutlich die in der Terraristik bekannteste Skorpionart. Foto: Isabelle Francais

Der Malayische Waldskorpion. *Heterometrus spec.* Foto: Ken Lucas

Der Giftstachel von *Heterometrus spec.* Foto: Vince Hull-Williams

stammt aus Westafrika. Die meisten erhältlichen Exemplare kommen von der Elfenbeinküste, aus dem Senegal, aus Sierra Leone sowie aus Ghana. *Hadrurus arizonensis* kommt gewöhnlich aus Arizonas oder Texas.

Andere Arten, die häufiger im Handel oder auf Großhändlerlisten auftauchen, sind *Heterometrus longimanus* (Asiatischer Waldskorpion), *Heterometrus scaber* (Thai-Skorpion), *Heterometrus spinifer* (Malayischer Waldskorpion), *Heterometrus cyaneus* (Blauer Thai-Skorpion. Obwohl diese beiden Arten nicht regelmäßig angeboten werden, sind sie einfach zu halten und auch für den Anfänger geeignet.

Vor kurzem habe ich gehört, dass einige Händler den Gelben Wüstenskorpion oder Deathstalker, *Leiurus quinquestriatus,* anboten, was mich ausgesprochen beunruhigte, denn diese Art gilt als potentiell gefährlich für den Menschen. (In Deutschland ist er häufig erhältlich.) Bei eingehenderen Nachforschungen stellte sich dann aber heraus, dass es sich dabei tatsächlich um *Scorpio maurus* handelte, der für den Menschen ungefährlich ist. An diesem Beispiel ist zu sehen, dass, wenn es

So sollte man Skorpione nicht greifen, da der Pinzettendruck nicht abzuschätzen ist. Foto: Archiv bede-Verlag

Ein *Hadrurus* in Abwehrhaltung. Foto: G. und C. Merker

um exotische Tiere und im Speziellen um Skorpione und Vogelspinnen geht, der Trivialname entweder ein wichtiger Identifikationsfaktor, aber meist Anlaß für totale Verwirrung sein kann. Allerdings kann man nicht unbedingt den Besitzer des Zooladens für derartige Probleme verantwortlich machen, denn der ist von den Informationen seines Zulieferers abhängig. Auch gibt es keinerlei Vorschriften, die die Benennung solcher Tiere regelt.
Die Skorpion-AG „SCORPIONIDA" versucht durchzusetzen, dass in Deutschland Skorpione determiniert und genau gekennzeichnet in den Handel kommen, was allerdings große Probleme mit sich bringt, auf wenig Gegenliebe seitens des Handels und auf viel Unwissen stößt.
Bei der Auswahl eines Skorpions sollte die Wahl stets auf eine Art fallen, die als ungefährlich bekannt ist. In diesem Zusammenhang darf allerdings nicht vergessen werden, dass alle Skorpione über ein Gift verfügen, das gewöhnlich der Lähmung von Beute und der Abwehr von Fressfeinden dient. Dieses Gift wird im Telson produziert, der nicht entfernt werden darf.
Vor dem Kauf sollten der Stachel, die Beine, die Zangen und die beiden unterseitig erkennbaren Kammorgane (Pektine), die der Wahrnehmung von Vibrationen dienen, eingehend untersucht werden. Es ist auf jede Art von Verletzungen und darauf zu achten, dass das Tier aktiv auf die sanfte Berührung mit einer Pinzette reagiert. Man sollte auch darüber informiert sein, welche Arten von Skorpionen zusammen in Gruppen gehalten werden können und welche als Einzelgänger zu behandeln sind.
Es ist in jedem Fall zu empfehlen, das Terrarium bereits vor dem Kauf des Skorpions bezugsfertig vorbereitet zu haben. Der Erwerb eines Skorpions sollte dabei niemals eine impulsive Angelegenheit sein, denn wie bei allen Tieren gilt auch hier, dass man sich darüber im Klaren sein muss, warum man dieses spezielle Tier pflegen möchte. Diese Frage ist bei jeder Art von Lebewesen wichtig, jedoch kommt ihr im Fall von exotischen Tieren und speziell bei solchen wie Skorpionen besondere Wichtigkeit zu.

Bestimmungen und Verwandtschaftsbeziehungen

Skorpione bilden die Ordnung Scorpionida, die zu der Arthropodenklasse Arachnida gehört. Die traditionelle Klassifikation der Skorpione erkennt acht Familien an - es sind dies die Buthidae, Chactidae, Scorpionidae, Diplocentridae, Bothriuridae und die Vaejovidae. Heute werden jedoch von vielen Spezialisten auch etliche andere Familien anerkannt.

Bevor wir tiefer in die Details der Klassifikation eindringen, sollen einige der vielen Tierarten erwähnt werden, die mit den Skorpionen verwandt sind.

Arachniden besitzen gewöhnlich vier Beinpaare und sind einerseits eng mit den Insekten, Tausendfüßern und Hunderfüßern sowie andererseits mit den Crustaceen (Schalentiere wie Krabben und Krebse) verwandt. Im Gegensatz zu jedem dieser Vertreter fehlen ihnen allerdings die Kauwerkzeuge, weshalb sie sich generell durch das Aufsaugen halbflüssiger Nahrung ernähren, die oftmals außerhalb des Körpers vorverdaut wird. Sehr eng mit den Skorpionen verwandt sind die Arachnidenordnungen Ambly-

Eine Ansammlung von Jungtieren auf Mutters Rücken. Foto: Vince Hull-Williams

Hundertfüßler (Centipedes) wie dieser Scolopendra sp. sind entfernte Verwandte der Skorpione.

Auch Tausendfüßler (Millipedes) sind entfernte Verwandte der Skorpione. Foto: Wil Mara

pygida (die Geißelspinnen), Pseudoscorpionida (die Pseudo- oder Afterskorpione), Uropygida (die Geißelskorpione), Solifugida (die Walzenspinnen), Opiliones (die Weberknechte) und natürlich die Acarinen (Milben und Zecken) sowie die Araneida (die echten Spinnen).
Kurz angemerkt, gibt es für die Solifugen etliche Trivialnamen wie Windskorpion, Sonnenspinne, Kamelspinne und Jagdspinne. Sie können eigentlich nur mit Vorbehalten als Spinnen bezeichnet werden, denn sie produzieren weder Seide noch weben sie Netze. Auch kann man sie nicht zu den gefährlichen Tieren zählen, denn sie besitzen keine Giftdrüsen. Trotzdem sind sie hochgradig aggressiv und extrem schwierig zu halten, was sich darin

Mastigoproctus giganteus, ein amerikanischer Geißelskorpion. Foto: Aaron Norman

zeigt, dass sie in im Terrarium kurze Zeit überleben. Die Tatsache, dass man trotzdem hier und da Solifugen im Handel angeboten sieht, ist auf ihr Erscheinungsbild, insbesondere auf das Paar gigantischer, sich von der Spitze des Kopfes erhebender Klauen zurückzuführen.

Geißelskorpione sind in den Tropen häufig anzutreffen, jedoch wird nur eine Art mehr oder weniger häufig auf Händlerlisten geführt - *Mastigoproctus giganteus,* der Riesen- oder Essig-Geißelskorpion. Dieses Tier stammt aus den Strauchsavannen und Wüstenregionen der Vereinigten Staaten und dem tropischen Amerika. Es handelt sich dabei um ein etwa 7,5 cm langes, schwarzes Tier mit einem langen und sehr dün-

Eine Solifuge, auch Walzenspinne oder Windskorpion genannt. Diese Art ist im Terrarium kaum haltbar. Foto: Vince Hull-Williams

nen „Schwanz“ (der Geißel) an der Basis des Abdomen. Dieser Arachnide ist völlig harmlos, auch wenn sein eher prähistorisches Aussehen manch einem die Gänsehaut den Rücken hinunterlaufen lässt. Die großen Pedipalpen dienen überwiegend dem Fang von Beute. Der eigentliche Verteidigungsmechanismus dieser Tiere ist ihre Fähigkeit Essigsäure zu verspritzen, was allerdings nur geschieht, wenn man sie erschreckt oder ärgert. Der Essig-Geißelskorpion ist generell ein Tier von ruhiger Natur, das sich langsam bewegt. Gelegentlich werden sie neben ihren kleineren Verwandten angeboten und sind ausgesprochen einfach zu halten.

Wenden wir uns nun allerdings wieder den echten Skorpionen zu. Was ist was und wer ist wer? Das Bestimmen von Skorpionen ist ganz und gar nicht so einfach, wie man vielleicht glauben mag. Von der Größe und Farbe her betrachtet, mag man wohl glauben, es mit einer bestimmten Art zu tun zu haben, dabei handelt es sich tatsächlich dann doch um etwas völlig anderes. Die existierenden Illustrationen und Fotografien bieten zwar einige Anhaltspunkte, jedoch reichen auch sie für eine korrekte Identifikation bei weitem nicht aus.

Als eine sehr allgemeine Faustregel zur Identifikation und um nur zwei der aufgeführten Familien als Beispiel zu nehmen, betrachtet man zuerst die Pedipalpen (die beiden klauenartigen Fortsätze vor den Laufbeinen). Die Familie Buthidae zeigt sehr schlanke Pedipalpen, während die Scorpionidae dicke, kräftige Zangen besitzt. Auf das Metasoma trifft genau das Gegenteil zu - Vertreter der Buthidae haben oftmals dicke und die der Scorpionidae schlanke Metasomae.

Die Terminologie, die beim Studium von Skorpionen benutzt wird, ist recht spezialisiert, jedoch sollten die folgenden Begriffe dem Laien ermöglichen zu verstehen, wie ein Skorpion gebaut ist und wovon die Autoren in der Literatur über Skorpione reden.
Jeder Skorpionhalter sollte seine Tiere eingehend studieren und so viel wie möglich über sie lernen. Für den durchschnittlichen Skorpionpfleger wird die Artbestimmung nie eine einfache Sache sein, denn mit Farbe und Größe allein kommt man wie gesagt nicht weit. Das Sternum (Brustbein oder -platte) an der Ventralseite des Tieres ist ein guter Hinweis auf die Familie. Buthiden besitzen beispielsweise ein dreieckiges

Stichwortverzeichnis

Aculeus	der Giftstachel
Anterior	die Vorderseite, vorne
Dentikel	Zähnchen
Dorsal	oberseitig, oben, auf dem Rücken
Lateral	seitlich
Median	im Zentrum, mittig
Mesosoma	Körper ohne Kopf und Metasoma
Metasoma	„Schwanz" ohne Stachel
Okular	die Augen betreffend
Pektine	Kammorgane unter dem Körper des Skorpions
Pedipalpen	Klauen (Scheren)
Posterior	hinten
Prosoma	der Kopf
Chagrin	Haifischhautartig
Sternit	die Unterseite eines der Körpersegmente
Tergit	die Oberseite eines der Körpersegmente
Ventral	unterseitig, unten, auf dem Bauch
Telson	Giftblase, verdickter Teil des Stachels

Die Geburt von Kaiserskorpionen. Das Muttertier hilft den Jungen beim „Aufstieg“ auf seinen Rücken. Foto: Rolf Bechter

Sternum. Die Form der Spirakel (Atmungsporen) auf der Ventralseite und die Lage der Trichobothrien (große Tasthaare) spielen ebenfalls eine wichtige Rolle bei der Frage: Welcher Skorpion ist meiner?
Die Pedipalpen haben drei Grundfunktionen. In erster Linie fungieren sie als Zangen oder Pinzetten zum Fangen, Festhalten und Zerkleinern von Beutetieren, denn Skorpione setzen zum Töten von Beute nur sehr selten ihren Giftstachel ein. Ausnahme: Die Buthidae, sie setzen immer ihren Stachel ein. Die zweite Funktion liegt in der Partnerwerbung, wobei die Pedipalpen während des „Hochzeitstanzes“ hin und her geschwenkt werden. Bei der Paarung setzt sie das Männchen zum Festhalten des Weibchens ein. Drittens dienen sie als Schöpfkellen für die Wasseraufnahme.
Die Pektine, die sich auf der Bauchseite zwischen den Beinen befinden und aus kammartigen Körperan-

Scorpio maurus spec. aus Israel. Foto: Vince Hull Williams

hängen bestehen, dienen als Tastorgane, die dem Skorpion sozusagen beim Ertasten seines Weges helfen. Die Sehfähigkeit ist bei Skorpionen nur schlecht entwickelt, weshalb sie von ihrem überaus hoch entwickelten Tastsinn regelrecht abhängig sind. Aus diesem Grunde sind die Pektine für einen Skorpion ausgesprochen lebenswichtig.

Der Körper eines Skorpions besteht aus drei Hauptteilen - dem Prosoma, dem Mesosoma und dem Metasoma. Unter dem Prosoma ist ein unsegmentierter Carapax mit einem medianen (in der Mitte liegenden) Augenpaar und einer Gruppe lateraler (an den Seiten liegenden) Augen zu verstehen. Jedes der sieben Segmente des Mesosoma besitzt einen bis fünf dorsale Kiele. Das erste Sternit ist stark reduziert und birgt die Genitalöffnung, die sich über dem Genitaloperculum (Genitaldeckel) befindet. Bei den Weibchen sind diese in der Mitte verbunden, während sie bei den Männchen teilweise oder vollständig getrennt sind. Ohne ein gutes Stereomikroskop sind diese Einzelheiten nur sehr schwierig zu erkennen, jedoch können die Männchen auch durch das Vorhandensein von zwei Genitalpapillen (warzenähnliche Erhebungen) unter dem Genitaloperculum von den Weibchen unterschieden werden. Das zweite Ventralsternit verfügt über das kleine Schild, mit dem die Pektine verbunden sind. Auf der Unterseite ist ein schmaler Schlitz (Lungendeckel) zu sehen, der die Öffnung der Fächerlungen (4 Paare) darstellt. Das Metasoma besteht aus fünf Segmenten plus dem Stachel. Die Giftdrüsen befinden sich in der Verdickung an der Stachelbasis (=Telson).

Meiner Erfahrung nach kann davon ausgegangen werden, dass es sich bei den Skorpionarten, mit denen man in diesem Zweig der Terraristik am Wahrscheinlichsten in Kontakt kommen wird, um die Kaiserskorpione, die Asiatischen und Malayischen Waldskorpione und den Großen Haarigen Skorpion handelt. All diese Arten sind allein von ihrem Erscheinungsbild her relativ einfach zu bestimmen. Der Kaiserskorpion ist beispielsweise oberflächlich betrachtet ebenso schwarz wie der Asiatische oder der Malayische Waldskorpion, lässt sich jedoch deutlich an der „haifischhautartigen“ Oberfläche der Pedipalpen erkennen; die beiden Asiatischen Arten besitzen hingegen relativ glatte und daher glänzende Pedipalpen.

Wenn wir uns über das normale Hobby der Skorpionhaltung hinaus und in die von Geheimnissen umnebelten Aspekte der wissenschaftlichen Forschung begeben, haben wir den Punkt erreicht, an dem wir uns mehr als deutlich darüber im Klaren sein müssen, was sich tatsächlich in unseren Terrarien befindet.

Eine Geißelspinne. Foto: Reid Taylor

Die Handhabung

Die Handhabung eines Skorpions mit nackten, ungeschützten Händen, kann in keinem Fall und unter gar keinen Umständen empfohlen werden. Eine derartige Unbedachtheit dient lediglich dazu, sich selbst, andere und nicht zuletzt auch das Tier einem großen und gleichzeitig gänzlich unnötigen Risiko auszusetzen. Generell sind Skorpione Wildtiere, die in keinster Weise daran gewöhnt sind, angefasst zu werden. Das Studium dieser Tiere erfolgt ausschließlich durch das Beobachten im Terrarium, wo sie außer für ihre Futtertiere für niemanden sonst eine Gefahr oder Bedrohung darstellen.

Der Kaiserskorpion, darf niemals so umgesetzt werden, wie auf dem Foto zu sehen ist. Foto: Isabelle Francais

Es bleibt andererseits natürlich nicht aus, dass der Skorpion zum Zweck der Reinigung seines Terrariums gelegentlich in ein anderes Behältnis umgesetzt werden muss, und die Möglichkeit, dass es ein Skorpion schafft, seinem Terrarium zu entfliehen und dann wieder eingefangen werden muss, ist auch nicht völlig auszuschließen. Für diese Fälle gibt es einfache Wege zum Einfangen und Umsetzen des Tieres, ohne dass es dabei zu einem körperlichen Kontakt kommt.

Kleinere Skorpionarten sind oft giftiger und somit gefährlicher als große Arten. Aus diesem Grunde kann der Transport von einem Terrarium in ein anderes durchaus zu einer riskanten Angelegenheit werden. Der einfachste Weg ist der, ein Glas oder eine Plastikröhre über das Tier zu stülpen, dann ein dünnes Stück Pappe oder Plastik unter die Röhre oder das Glas zu schieben, das Ganze in das andere Behältnis zu überführen, die Pappe oder Plastikscheibe vorsichtig wegzuziehen und dann das Glas oder die Röhre hochzunehmen. Diese Vorgehensweise

ist ebenso einfach wie zuverlässig. Bei großen Exemplaren kann dieselbe Methode zur Anwendung kommen, jedoch wird hier natürlich ein entsprechend größeres Gefäß benötigt. Ich persönlich bevorzuge im Umgang mit großen Skorpionen jedoch die Verwendung einer langen Pinzette. Greift man das Tier mit der Pinzette am dritten Metasomasegment wird es dadurch lange genug ruhiggestellt, um sicher in sein Terrarium transportiert oder in ein anderes umgesetzt werden zu können. Es ist wohl unnötig zu erwähnen, dass das Terrarium oder ein anderes Behältnis während solcher Aktionen in unmittelbarer Nähe verfügbar sein muss, denn auch wenn das Tier mit der Pinzette am Metasoma sicher festgehalten wird, besitzt es den-

Hadogenes spec. greift eine Pinzette an, mit der er gefangen wird. Foto: Archiv bede-Verlag

noch genügend Kraft, um an der Pinzette hochzuklettern.

Hat sich ein großer Skorpion aus seinem Terrarium befreit und läuft auf dem Fußboden herum, befindet er sich in einer Position, wo er sich dem Zugriff mit der Pinzette entziehen kann. Das Tier sieht die Weite des Fußbodens als seinen persönlichen Spielplatz an und man wird kaum eine Chance haben, es einzufangen, solange es sich nicht fangen lassen will. In einem solchen Fall kann man einen großen Plastiktrichter über das Tier stülpen. Da es im Fall eines Ausbruches stets auf eine schnelle Reaktion des Halters ankommt, sollten ein Plastiktrichter und ein Stück Pappe oder Plastik jederzeit griffbereit sein.

Reinigungsarbeiten oder das Austauschen des Bodensubstrats oder von Einrichtungsgegenständen sind bei einem Skorpionterrarium nur ge-

Diese Art der Handhabung eines Kaiserskorpions ist absolut abzulehnen. Die Gefahr ist nicht zu unterschätzen. Foto: Isabelle Francais

legentlich erforderlich. Um derartige Arbeiten sicher verrichten zu können, wird der Skorpion am Besten mitsamt seinem Terrarium in einen größeren und möglichst tiefen Plastikbehälter (oder auch ein leeres Aquarium) überführt. Neben diesem Behälter sollte sich ein frisches, bereits fertig vorbereitetes und eingerichtetes Terrarium befinden. Der größere Behälter dient dem Zweck, dass, wenn der Skorpion beim Umsetzen nicht fest genug mit der Pinzette festgehalten wird und hinunterfällt, er anstatt auf dem Fußboden in dem größeren Behälter landet, wo er sich dem erneuten Zugriff mit der Pinzette nicht entziehen kann. Die Badewanne kann im Übrigen den gleichen Zweck erfüllen.

Beim Wasserwechsel, bei Fütterungen, Reinigungsarbeiten oder in anderen Situationen, die das Öffnen des Terrariums erfordern, sollte man sich vorher vergewissern, wo sich der Skorpion gerade befindet. Wenn er nirgendwo im Terrarium zu entdecken ist und dieses über einen oder mehrere Versteckplätze verfügt, kann davon ausgegangen werden, dass er sich in einem dieser Verstecke aufhält. Bei mehreren Versteckmöglichkeiten ergibt sich dann natürlich die Frage, in welchem er sich verkrochen hat. Ganz egal, welche Arbeiten man auch immer in einem Skorpionterrarium verrichten will, ist in jedem Fall größte Vorsicht geboten, solange sich das Tier in seinem Terrarium befindet. Die Unberechenbarkeit von Skorpionen ist eine ihrer interessantesten und gleichzeitig gefährlichsten Eigenschaften und es sollte niemals vergessen werden, dass alle Skorpione mehr oder weniger giftig sind und unweigerlich zustechen, sobald sie sich in die Enge getrieben fühlen. Es ist in jedem Fall besser, einer solchen Auseinandersetzung aus dem Wege zu gehen, als mit den daraus entstehenden Konsequenzen konfrontiert zu werden.

Man gestatte mir deshalb hier eine Zusammenfassung - man darf einen Skorpion nicht mit nackten Händen anfassen. Unfälle sollten nicht durch Leichtsinn und Unachtsamkeit provoziert, sondern besser durch Aufmerksamkeit und Umsicht verhindert werden. Denn wie heißt es doch so schön - Vorsicht ist besser als Nachsicht.

Paarung und Jungtiere

Das Bestimmen der Geschlechter ist bei Skorpionen keine einfache Angelegenheit und ohne die Verwendung eines Mikroskops nahezu unmöglich. Das trifft jedoch nicht nur für Laien, sondern auch für Experten zu. Gehen wir aber einfach einmal davon aus, dass man das Glück hat, ein Pärchen (z.B. *Pandinus (Pandinus) imperator)* zu besitzen, das bereits seit längerer Zeit zusammenlebt. Im Gegensatz zu Vogelspinnen, bei denen man die Geschlechter separat hal-

Ein Kaiserskorpionweibchen beim Verzehr eines seiner Jungen. Foto: Paul Freed

Zwei *Heterometrus* spec. in ihrem Terrarium. Foto: Archiv bede-Verlag

ten, dann zur Paarung das Männchen in das Terrarium des Weibchens setzen und aufmerksam beobachten muss, ob sich das Weibchen zur Paarung oder dazu entscheidet, sich ihren Partner als Mahlzeit einzuverleiben, bereiten Skorpione in dieser Hinsicht oft keine nennenswerten Probleme. Es ist allerdings bereits dazu gekommen, dass weibliche Skorpione ihre Männchen angegriffen und mit tödlichen Stichen bedacht haben, obwohl bei ihnen generell nicht das geringste Interesse daran vorliegt, ihre Partner zu verspeisen. Ich war einmal Augenzeuge eines Paarungsversuchs, bei dem sich beide Tiere durch gezielte Stiche gegenseitig umbrachten.

Eine Skorpionpaarung kann durchaus eine gewalttätige und manchmal auch befremdliche Aktion sein. Skorpione paaren sich nicht im herkömmlichen Sinne durch eine Kopulation, was Anlass zu der Vermutung gibt, dass sie sich seit ihre Vorfahren das Meer verließen, diesbezüglich nicht sehr viel weiter entwickelt haben. Die meisten männlichen Meeresbewohner geben ihr Sperma einfach an das Wasser ab und über-

oben: *Centruroides spec*, der Rindenskorpion. Foto: A.G. Smith

Babytransport auf dem Rücken eines Kaiserskorpionweibchens, *Pandinus (Pandinus) imperator.* Foto: Ken Lucas

Ein guatemaltekischer
Buthide mit Jungtieren.
Foto: Zoltan Takacs

lassen den Rest der Natur. Da die Befruchtung in diesen Fällen gewöhnlich außerhalb des Körpers stattfindet, ist eine Kopulation folglich nicht erforderlich. An Land verhält sich das etwas anders, denn hier müssen Männchen und Weibchen eine Art des Zusammenkommens entwickeln, damit eine Befruchtung und somit der Fortbestand der Art gewährleistet sind.

Unsere heutigen, rezenten Skorpione haben zu diesem Zweck eine Spermatophore (Samenträger, Samenpaket) entwickelt, die ohne das Element Wasser den Transport des Spermas vom Männchen auf das Weibchen ermöglicht. Die Paarung von Skorpionen wird als Tanz beschrieben, und tatsächlich sind tänzerische Bewegungen von einer Seite zur anderen sowie nach vorne und hinten zu beobachten, während derer das Männchen seine Pedipalpen zur Beschwichtigung des Weibchens einsetzt und beide Tiere ihre „Schwänze" hin und her schwingen. Nach diesem recht anmutigen Vorspiel wirkt die eigentliche Paarung eher wie ein brutaler Ringkampf. Das Männchen deponiert währenddessen eine bis mehrere dicke, haarartige Spermatophoren auf einem Stein oder Rindenstück. Jede dieser Spermatophoren trägt an der Spitze eine gelatinöse Masse, die das Sperma enthält. Während das Männchen die Pedipalpen des Weibchens mit seinen eigenen festhält, zieht es seine Partnerin im wahrsten Sinne des Wortes über die Spermatophoren. Diese öffnet dabei eine sich zwischen ihrem letzten Beinpaar befindliche Spermatasche, in der die gelatinöse Masse mit dem Sperma aufgenommen wird. Die Befruchtung der Eier findet nun im Körper des Weibchens statt.

Nach der Paarung trennen sich die beiden Skorpione und gehen ihre eigenen Wege. Bei solchen Arten von Skorpionen, die ein friedliches Verhalten zeigen und sozial in Gruppen leben, sind regelmäßige Paarungserfolge zu verzeichnen, wohingegen Paarungen solitär (einzeln) lebender Arten um Vieles aggressiver und im Terrarium seltener erfolgreich sind.

Skorpione bringen fertig entwickelte, lebende Jungtiere zur Welt, die im Körper des Weibchens in Blindsäcken der Ovarien oder in den Eileitern heranwachsen und nach der Geburt umgehend auf den Rücken des Muttertiers klettern, wo sie für mehrere Tage bis Wochen verweilen. Sobald man beobachtet, dass die Jungen auf den Rücken der Mutter klettern, sollte ein neues Terrarium vorbereitet werden, damit die Jungen umgehend, nachdem sie den Rücken des Weibchens verlas-

Schöne Vorderansicht des Spaltenskorpions, *Hadogenes* spec.
Foto: Archiv bede-Verlag

sen haben, vor dessen Appetit in Sicherheit gebracht werden können. Solange sie sich auf Mutters Rücken befinden, sind sie sicher - sobald sie sich jedoch aus dieser Sicherheitszone auf den Terrarienboden begeben, werden sie zu einer schmackhaften Beute. Handelt es sich um eine sozial lebende Art, sollte man zu diesem Zeitpunkt alle Alttiere einschließlich der Mutter aus dem Terrarium in ein anderes umsetzen und sie so von den Jungen separieren, denn auch für die Tanten, Onkel und Kusinen sind junge Skorpione ein willkommener Leckerbissen.

Nachdem sich die Jungen selbstständig gemacht haben, brauchen sie Versteckplätze, die am Besten aus im Terrarium verteilten Sphagnummoosstücken (im Regenwald- oder Mittelmeerbecken) oder kleinen Steinen (im Wüstenterrarium) bestehen. Oftmals graben sich die Jungen auch im Bodengrund ein.

Hier noch ein Wort der Warnung - mit den Alttieren sollte auch ihr Wassernapf in ein anderes Terrarium umziehen, denn dieser ist für die Jungen mit Sicherheit zu tief. Ihnen sollte dann ein sehr flaches Wassergefäß zur Verfügung gestellt werden, in dem sie unter keinen Umständen ertrinken können.

Aber es gibt andere und auch bessere Methoden Jungtiere aufzuziehen. Sehen wir uns die Aufzucht der Jungen bei sozialen Arten wie *Pandinus (Pandinus) imperator* an. Sind mehrere Tiere in einem Terrarium, so hieß es im Allgemeinen, dass man die Mutter mit ihren Jungen auf dem Rücken, alleine setzen soll, damit die Mitinsassen ihr die frisch Geborenen nicht herunterpflücken und fressen. Dann sollte man die Jungskorpione von der Mutter trennen, sobald diese ihren Rücken verlassen haben. Auch wurde oft geraten die kleinen Kerle einzeln aufzuziehen, damit sie sich nicht gegenseitig fressen. Doch häufig musste ich beobachten, dass bei einer Umsetzung des Muttertieres, dieses begann, die Kleinen vom Rücken zu holen und zu fressen. Ich führe dies auf Stress zurück. Gleiches passierte aber auch häufig, wenn ich die anderen Kaiserskorpione umsetzte und die Mutter im Becken verblieb. Also machte ich den Versuch, nach der Geburt gar nichts am Gruppenbestand zu ändern (sofern das Becken groß genug ist). Und siehe da – die Jungtiere und die Alttiere lebten ohne Aggressivität zusammen. Die Mutter ging sogar so weit, dass sie ihre Jungen noch lange nach Verlassen des Rückens fütterte, indem sie ihnen zerquetschte große Wanderheuschrecken reichte und die Babys dies dankbar annahmen. Der einzig auftretende Fall von Kan-

Skorpion auf einem handlichen Untergrund. Auf keinen Fall darf ein Gifttier so transportiert werden. Foto: Archiv bede-Verlag

nibalismus war der zwischen den Babys. Die beiden schwächsten wurden von anderen Jungen gefressen, was für diese einen enormen Wachstumsschub brachte, d. h. diese beiden „Kannibalen" wurden durch die Mahlzeit größer und kräftiger als ihre Geschwister, was sicher ein Grund des Kannibalismus ist. Andererseits wurde auch hier eine gewisse Auslese getroffen: Nur der Stärkere überlebt. Nach diesen Beobachtungen halte ich es bei der Aufzucht solcher Arten immer so – und bin nicht schlecht damit gefahren, denn der Ausfall der Aufzuchttiere war sehr gering, im Gegensatz zu vorher.

Ganz anders bei typischen Einzelgängern wie *Androctonus australis* oder *Leiurus quinquestriatus*. Hier ist es wichtig, die Jungtiere nach dem Verlassen des Rückens – kurze Zeit später von ihrer Mutter zu trennen, denn diese frisst ihre „Brut" mit Sicherheit auf. Kurzfristig lassen sich bei genügend Futter im Behälter die Halbstarken zusammen halten, doch dann

Ein Weibchen von *Centruroides vittatus* mit Jungtieren. Foto: A.G. Smith

beginnen sie mit Kannibalismus, so dass man diese Tiere also alle separieren muss.

Es gibt verschiedene Möglichkeiten. Einmal kann man die Tiere in Nagelkästen aus dem Baumarkt setzen. Man macht aus jedem Kästchen ein Miniterrarium, das dem der Alttiere entspricht. Nun muss man unbedingt darauf achten, dass immer eine gewisse Feuchtigkeit im Versteck ist, damit sich die kleinen Skorpione häuten können oder nicht vertrocknen, was besonders bei kleinen Tieren sehr schnell passiert. Gefüttert wird mit frisch geschlüpften Grillen oder Heimchen, aber immer nur ein Futtertier bitte, denn sonst kann es vorkommen, dass das Futtertier einen frisch gehäuteten Skorpion frisst. Probleme gibt es, wenn die Tiere unterschiedlich schnell wachsen. Wenn man den Deckel des Kastens öffnet, so kann es durchaus geschehen, dass der eine oder andere herausklettert, was ja nicht passieren darf. Dieses Problem ist auf eine andere Art lösbar.

Es gibt kleine Plastikdöschen, die Einzeldeckel haben. Nach Einrichtung als Miniterrarium und Einbohren von kleinen Luftlöchern, kann man die Jungtiere einzeln einsetzen. Damit man nun nicht eine Masse von einzelnen Döschen vor sich stehen hat, kann man diese Einzelgefäße zusammenbinden. Der große Vorteil ist, dass jedes Gefäß einzeln zu öffnen ist, so dass nie mehrere zusammen offen sind und kein junger Skorpion entweichen kann.

Wenn die Tiere wachsen, muss natürlich auch das Terrarium mitwachsen. Man kann als größere Behälter später auf die üblichen Heimchenboxen ausweichen, dann evtl. kleine Plastikterrarien usw.

Jeder wird sich im Klaren sein, dass diese Methode sehr zeitaufwendig ist, so dass die Skorpionsnachzucht schnell zu einem Full-Time-Job werden kann, wenn man viele Nachzuchten hat.

Für den Anfänger sind solche Miniausgaben unserer Lieblinge nicht geeignet, weil diese Haltergruppe durch fehlende Erfahrung zu viele Verluste haben wird. Selbst der erfahrene Züchter hat erst einmal Probleme, bis er sich an die Bedürfnisse der Jungtiere gewöhnt hat, die etwas anders sind als die der Eltern.

Die Ernährung der jungen Skorpione sollte eigentlich keine Probleme bereiten, denn sie fressen bereits frisch geschlüpfte Grillen und flugunfähige Drosophila (Obstfliegen). Jedes Jungtier sollte einmal wöchentlich zwei bis drei Futtertiere erhalten. Sie sind genau wie die Alttiere sehr gierige Fresser und sollten deshalb nur einmal wöchentlich gefüttert werden.

Junge Skorpione sollten erst in einem Alter von zwei oder drei Monaten an andere Halter abgegeben werden. Heute zeigen derart viele Liebhaber ein ernstes Interesse an der Haltung von Vogelspinnen und Skorpionen, dass man sich über die Zukunft seiner Nachzuchten nicht sorgen muss.

Anhang

Was machen wir aber, wenn es bei solitär lebenden Skorpionen zu Problemen vor der Paarung kommt, was heißen soll, Männchen und Weibchen gehen aggressiv aufeinander zu. Eine innerartliche Aggression ist vielen Skorpionen eigen. Bei *Androctonus australis* ist sie in der Regel nicht so krass ausgeprägt, dass man ein Zuchtpärchen oft über einen längeren Zeitraum zusammen halten kann. Bei *Leiurus quinquestriatus, Parabuthus* spec., *Hadrurus arizonensis* etc. gibt es aber häufig massivere Probleme.

Lange habe ich versucht, diese Arten zu verpaaren. Die Verluste waren recht groß, bis ich herausfand, dass man zur Paarung Männchen und Weibchen zusammenführen kann, dass sich aber auch zwei Männchen oft verstehen – zwei Weibchen sich aber fast immer gegenseitig bekämpfen, bis eines zum Fressopfer wird. Herausgefunden habe ich das durch Zufall, denn die Unterscheidung der Geschlechter (bis auf *Androctonus* spec.) ist sehr schwierig.

Mir fiel auf, dass bei *Parabuthus* spec. die Tiere mit kleinen Pedipalpen verträglicher waren und sich duldeten, während sich Tiere mit etwas dickeren Pedipalpenhänden sofort bekämpften. Ich suchte dann ein Tier mit schmalen Händen und eines mit runderen Händen und siehe da – sie duldeten sich auch, bis es dann zur Hochzeit (dem bekannten „Hochzeitstanz" der Skorpione) kam. So wurde mir nach langen schmerzlichen Verlusten klar, dass sich ein Pärchen oder zwei Männchen wohl untereinander – zumindest für eine gewisse Zeit – duldeten. Zwei Weibchen aber waren unmöglich zusammen in einem Terrarium zu halten.

Ein anderes Problem kommt auf, wenn sich zwei gegengeschlechtliche Tiere nicht aneinander gewöhnen können. Dann muss man zu anderen Mitteln greifen und versuchen, sie langsam aneinander zu gewöhnen.

Man teilt ein größeres Terrarium in zwei Hälften durch Trennung mit Hilfe eines Rahmens, in den man Drahtgaze spannt. Dann setzt man die beiden innerartlich aggressiven Tiere in je eine Hälfte. Die beiden Tier spüren die Anwesenheit des jeweiligen anderen zukünftigen Partners. Zuerst reagieren sie aufgeregt und aggressiv, dann werden sie sich langsam beruhigen, wenn sie die „Erschütterungen" der Bewegungen des anderen spüren. Mit der Zeit werden sie sich an der „Grenzlinie" begegnen und anfangen, sich abzutasten. Nach mehreren Versuchen Distanz zu halten wird es bald so weit sein, dass sie sich nicht mehr an der Gazegrenze ausweichen. Dann kann man vorsichtig versuchen, die Gaze zu entfernen. Unter ständiger Beobachtung der Skorpione sieht man zu, wie sich diese verhalten. Reagieren sie gelassen, okay, so werden sie sich dulden, bis es zur Paarung kommt. Reagieren sie wieder aggressiv, so muss man den Gazeeinschub wieder einführen und erneut das Spielchen durchziehen, bis es gelingt die Tiere aneinander zu gewöhnen. Es kann natürlich sein, dass das nie gelingt, entweder, weil die Aggressionen so groß sind, dass sie unüberwindlich sind oder aber, dass man sich bei der Unterscheidung der Geschlechter vertan

Die Unterscheidung der Geschlechter ist für den Laien ein fast aussichtsloses Unterfangen. Foto: Archiv bede-Verlag.

hat oder gar Art fremde Tiere zusammengesetzt hat.
Übrigens kann es vorkommen, dass eine solche innerartliche Aggression auch bei sozial oder semi-sozial lebenden Skorpionen auftritt, dann muss man ähnlich vorgehen.

Unterscheidung der Geschlechter

Wenn kein sehr auffälliger Sexualdimorphismus vorliegt, ist es sehr schwierig für den Laien, die Geschlechter zu unterscheiden.
Eine Methode bei *Pandinus (Pandinus) imperator* haben wir ja schon kennen gelernt.
Schwieriger ist es schon bei *Androctonus australis,* hier geht es schon wissenschaftlicher zu, erscheint für den Laien aber auch noch nachvollziehbar. Ich will hier sinngemäß aus meinem Buch *„Androctonus australis* (Linnaeus, 1758) – Eine Monographie", erschienen im Buthus – Fachverlag, zitieren:
„Im Gegensatz zu Insekten sind Arachniden getrennt geschlechtlich, was bedeutet, dass Männchen Hoden und ein Paar Paraxialorgane (in der die Spermatophore gebildet wird) haben und die Weibchen mit Ovarien ausgestattet sind.
Dieses Wissen nützt uns zur äußeren Differenzierung nur wenig, da sich diese Organe im Inneren des Mesosomas befinden. Also müssen wir äußerliche Anzeichen suchen, die sich oft aber nur im Vergleich zwischen verschiedenen Exemplaren gleicher Größe und gleichen Alters feststellen lassen.
Bei *Androctonus australis* sehen die äußeren Sexualdimorphismen folgendermaßen aus:

1. Unter der Genitalplatte am achten Körper-Segment liegt die Geschlechtsöffnung; bei den männlichen Tieren sind die beiden Klappen getrennt, bei den weiblichen Exemplaren sind sie miteinander verwachsen.
2. Die Pedipalpen sind beim Männchen länger und schmaler als beim Weibchen, weisen mehr Zähne auf.
3. Männliche Tiere erscheinen im Vergleich kleiner und zierlicher als ihre Partnerinnen.
4. Die Anzahl der Kammzähne ist unterschiedlich: Die Weibchen haben 23 – 29 Zähne; die Männchen 28 – 32 Zähne. Auch sind die Kammzähne des Mannes länger als die des Weibes.
5. Vergleicht man wieder verschiedene Tiere, erscheint der Telson des weiblichen Exemplares etwas rundlicher als der des männlichen."

Wie jeder schon sehen kann, ist diese Differenzierung recht einleuchtend, aber erst nach häufiger Übung wirklich gut zu erkennen.

Leider haben viele Skorpione nicht so „einfache" Unterscheidungsmerkmale und man muss einfach versuchen, durch geschicktes Taktieren, Männchen und Weibchen zu unterscheiden.

Andererseits machen es uns andere Skorpione sehr einfach, einfacher noch als *Pandinus (Pandinus) imperator.*

So hat zum Beispiel die Gattung *Hadogenes* (die Spaltenskorpione aus Südafrika) ein sehr deutliches Differenzierungsmerkmal: Die Männchen haben wesentlich längere Metasomaglieder als die Weibchen. Das kann jeder Betrachter auf Anhieb erkennen, wenn er zwei Geschlechtspartner nebeneinander sieht. Nur leider trübt hier wieder ein Wermutstropfen unseren schon leicht gedachten Zuchterfolg. Die Tiere sind innerartlich sehr aggressiv, dass es kaum möglich erscheint zwei Tiere zusammenzusetzen. Meist ist das sehr teures Futter! Nur zur Paarung, wenn beide gut aufgelegt sind, kann man sie zusammensetzen.

Hier helfen nur große Terrarien, wo die Tiere lange Fluchträume haben. Natürlich lässt sich auch das wieder nicht verallgemeinern: Ein Freund aus Singapur hat mir erzählt, dass er schon über ein Jahr zwei *Hadogenes troglodytes* (die Tiere können bis zu 25 cm lang werden!) erfolgreich in einem Becken hält, das allerdings eine Grundfläche von 40 X 60 cm aufweist. Also wieder einmal bestätigt die Ausnahme die Regel.

Man kann bei Skorpionen nichts pauschalisieren!

Ein wenig Toxikologie

Es ist nicht möglich, auf ein paar Seiten eine auch nur annähernd anschauliche Wiedergabe des Gift-Tier-Phänomens zu geben. Im Deutschen wird bei Giften wenig differenziert. Gift-Tiere sind giftig, aber was heißt das?

1. Gift: Das sind alle Stoffe, die den Organismus in seiner Gesamtheit schädigen können.
2. Toxin: Sie sind alle natürlichen Ursprungs, chemisch rein und eindeutig definiert; sie sind Bestandteile von Giften.

Das sagt zwar viel aus, hilft uns bei einer Grobeinteilung von Tiergiften aber wenig. Da wird der Anglo-Amerikanische Sprachraum schon genauer.

1. Venoms: Venoms werden mit Hilfe eines Giftapparates impliziert, d. h. es handelt sich um Abwehrstoffe aktiv giftiger Tiere.
2. Poisons: Das sind all die Stoffe, die im Körper von Tieren und Pflanzen entstehen und den Fressfeind schädigen. Sie sind die Verteidigungswaffen der passiv giftigen Lebewesen.

Bothriurus spec. aus Peru und Chile. Foto: Vince Hull-Williams

Weibchen des Dreistreifen-Rinden-skorpions, *Centruroides hentzi*, mit Jungtieren auf dem Rücken. Foto: Paul Freed

Centruroides hentzi, allerdings sind die Jungen nun schon etwas größer. Foto: Paul Freed

Ein sehr schöner Pseudoskorpion, *Cordylochernes scorpioides,* der Peruanische Pseudoskorpion. Foto: Ken Lucas

Man misst die Potenz eines Giftes in der LD50-Einheit, d. h. einer bestimmten Anzahl von Versuchstieren wird ein und die selbe Giftmenge injiziert. Die benannte Einheit gibt die mittlere Menge des Giftstoffes an, bei der 50% der Versuchstiere überleben. Die Injektionen können subkutan oder intravenös gemacht werden, was zu verschiedenen Ergebnissen führt.

Passive Gifttiere

Kröten, Salamander, Fische, Muscheln etc. Mit die potentesten passiven Gifte sind das Ciguatoxin von Fischen und das Saxitoxin bei Muscheln (frisch gefangene Muscheln darf man nur in bestimmten Monaten essen, da sie dann nicht das Gift in sich anreichern). Oft ist besonders die Leber von diesen Giften angefüllt, die viele Todesopfer hervorrufen, wie das berühmte Harakiri-Essen des Fugu-Kugelfisches in Japan.

Aktive Gift-Tiere sind Tiere, die in der Lage sind, durch besondere Einrichtungen ihr Gift zu injizieren, z. B. Nesseltiere, die winzige "Harpunen" abschießen können, besonders gefürchtet sind die Spanische und Portugiesische Galeere, eine Symbiose von Kleinstnesseltieren, die unter einer Luftblase bis über 30 m lange Fangarme bilden können; die Giftschlangen sind wohl die bekanntesten Vertreter; ebenso gefährlich sind bestimmte hochtoxische Kegel-Meeresschnecken und dann auch unsere Arachniden, die Spinnen und Skorpione.

Parabuthus spec.
Foto: Marius Burger

Wenn man den Erzählungen von Bissunfallopfern glauben kann, gehört der Biss einer Giftschlange zu den am Meisten beeindruckenden Erlebnissen im negativen Sinne.

Skorpione:
Über 1.500 Arten, aber nur 26 davon sind für den Menschen gefährlich. Warum Skorpione Toxine gegen Säuger aufgebaut haben, die in Menge und Potenz oft die Anzahl der Toxine gegen ihre Beutetiere übertrifft, ist noch recht unbekannt. Vergiftungen durch Skorpionstiche sind eine komplexe Erscheinung.

Eine *Tityus*-Art. Die Art mit seiner exotischen Färbung ist ein Blickfang für den Betrachter. Foto: W. Wüster

Hier können nur einige wesentliche Auswirkungen dargestellt werden.
Wird ein Opfer von einem Skorpion mit mildem Gift gestochen, wird er einen starken lokalen Schmerz verspüren, der mehrere Stunden anhalten kann. Eine leichte Rötung und Schwellung der Einstichstelle ist möglich. Beim Stich wirkt der Stachel wie eine Injektionsnadel, wobei der Telson das Gift in das Fleisch des Opfers pumpt. Oft sind die Opfer so geschockt, dass sie meinen nun ernsthaft vergiftet zu sein und sie bekommen Durchfall, Herzrasen, Schweißausbrüche – doch dies sind meist nur psychosomatische Erscheinungen.
Sytemische Vergiftungen sehen anders aus, sie sind fundamentale Erlebnisse:

Schmerzen
Kreislaufprobleme
(siehe weiter unten)
Lungenödeme
Muskelkrämpfe
Muskellähmung
Durchfall
Erbrechen
Verschwommenes
Sehen
Augenzucken
Schluckbeschwerden
Priapismus.

Der Tod wird dann meist durch Kreislaufversagen oder Lungenödeme hervorgerufen.
Treten irgendwelche dieser Symptome auf, ist eine ärztliche Notfallbehandlung unbedingt angesagt. Meist, muss man allerdings auch erwähnen, reicht eine ärztliche Grundbehandlung aus, Antivenin-

Ein Weibchen der Gattung *Euscorpius* mit Jungtieren. Foto: Dr. R. Konig

gaben sind seltener indiziert. es gibt einige Antivenine gegen die Toxine *von: Androctonus* spec., *Leiurus quinquestriatus, Parabuthus* spec. , *Centruroides* spec. , *Tityus* spec. und einige andere.

Die Besonderheit an Skorpionsgiften ist, dass sie in der Regel das Zentrale-Nerven-System angreifen. Bei der Reizleitung wird z. B. der Natrium-Kanal betroffen. Die Membrane in den Reizleitungskanälen können geöffnet werden, dann erfolgt ein Reiz;sie können geschlossen werden, dann ist der Reiz beendet. Der Lidschlag des Auges ist so ein Beispiel. Ein untrügliches Zeichen systemischer Vergiftung sind herabhängende Augenlider, verwaschene Sprache oder verschwommenes Sehen. Diese Effekte setzen meist innerhalb einer bis drei Stunden ein. (Natürlich ist dieser komplexe Vorgang hier sehr sim-

plifiziert; der Toxikologe und Mediziner möge mir das verzeihen.)
Skorpiongifte von Skorpionen der Alten Welt (z. B. *Androctonus australis)* verhindern das Schließen der Membrane, eine Dauererregung erfolgt (z. B. Priapismus); Gifte von Neuweltskorpionen (z. B. *Tityus* spec. oder *Centruroides* spec.) verhindern nach Schließung die Öffnung der Membrane, also erfolgt keine Reizweiterleitung. *Tityus serrulatus* vermag beide Effekte hervor zu rufen. Da die Toxine auf das ZNS einwirken setzen entweder Tachykardie (Bluthochdruck; unebener, schneller Herzschlag = Herzjagen) oder Bradykardie (Verlangsamung der Herzfrequenz) ein.
Bei Skorpionsstichen ist ein Barbiturat immer kontraindiziert, da die Wechselwirkungen mit den Toxinen

Ein Vertreter der Gattung *Tityus.* Foto: W. Wüster

Ein unter ultraviolettem Licht „leuchtender" Skorpion. Foto: Vince Hull-Williams

nicht abwägbar sind. Als Erste Hilfe steht immer eine Beruhigung und Ruhigstellung des Opfers an; Schocklage einnehmen – Füße hoch; abwarten und einen Arzt rufen.
Bei Skorpiontoxinen spielen Auswirkungen auf die Blutgerinnung und das Gewebe eine untergeordnete Rolle.
Die Tiergifte haben primär zwei Aufgaben:

1. Abwehr von Feinden; oft sind nur Scheinangriffe nötig, da der Feind ja auch nicht dumm ist.
2. Das Gift dient als Verdauungsferment. Spinnentiere können nur flüssigen Brei einsaugen, so müssen sie schon vor der Mahlzeit verdauen. Bei Giftschlangen ist das Toxin ebenfalls zur Verdauung des Beutetiers unerlässlich.

Aus dem eben Gesagten lässt sich ersehen, dass Skorpione mit abgekniffenem Telson Todeskanditaten sind und so etwas Tierquälerei ist. Bei Giftschlangen ist das Ziehen der Giftzähne noch gravierender, meint der Laie, stimmt zwar auch, aber die Zähne werden erneuert.
Wichtig ist noch einmal zu erwähnen, dass Allergiker mit einem anaphylaktischen Schock, der binnen Minuten nach dem Stich einsetzen kann, rechnen muss. Dann kann nur noch der Notarzt helfen.

Hier werden Gattungen/Arten vorgestellt, die in Deutschland häufig zu bekommen sind. Ob sie für den Anfänger oder den Fortgeschrittenen geeignet sind, wird gesondert vermerkt. Es kann vorkommen, dass sehr giftige Tiere auch für den Anfänger empfohlen werden, da sie zwar ein sehr potentes Gift haben, aber wenig aggressiv sind. Die Einzelabhandlungen sollen eine kleine Handreichung zur speziellen Haltung der Gattung oder Art geben, so dass die Tiere in großem Maße artgerecht gehalten werden können. Vor der Anschaffung eines bestimmten Skorpions sollte sich der zukünftige Halter immer erst Informationen von allen erdenklichen Seiten einholen und das Terrarium bereits eingerichtet und an den gewünschten Standort gestellt haben. Maßgebend sind immer die wissenschaftlichen Namen, dieTrivialnamen führen nur zur Verwirrung bei. Der Käufer muss sich für die Gattungen/Arten entscheiden, die er meint, einwandfrei identifizieren zu können: Alles Andere wäre Tierquälerei und Gefährdung für den Besitzer und sein Umfeld. Serum gegen Skorpionsstiche sind kaum vorhanden. Es gibt gegen einige Nordafrikaner und gegen *Centruroides* spec. Antivenine, ebenso gegen Südafrikanische Dickschwanzskorpione. Die Größenangaben sind geschätzte Mittelwerte.

Androctonus australis
Gelber- Sahara-Wüstendickschwanzskorpion

Es handelt sich um einen der giftigsten Vertreter der gesamten Familie. Auf Grund seines wenig aggressiven Naturells und seiner einfachen Hälterung bei etwa 27 Celsius, in der Nacht bis zu 8 Celsius weniger, und 50% Luftfeuchte, ist er aber auch bedingt dem verantwortungsbewussten Anfänger zu empfehlen. Der Skorpion ist hellgelb bis lehmbraun und wird etwa bis zu 14 cm groß. Er ist ein reiner Wüstenbewohner und streng nachtaktiv. Den Tag über hält er sich in seinem Versteck auf. Pärchen sind bedingt zusammen in einem Terrarium zu halten. Die Männchen bleiben insgesamt graciler, haben schmalere Pedipalpen als die weiblichen Tiere. Bei den Männchen betragen die Kammzähne der Pektine 28 – 32 Stück, bei den weiblichen Tieren 23 – 29 Stück.

Androctonus bicolor(aeneas)
Schwarzer Nordafrikanischer Dickschwanzskorpion

Dieser Skorpion ist ähnlich zu pflegen wie *Androctonus australis*. Insgesamt wird er etwas kleiner als sein Kollege. Je nachdem, ob es sich um *Androctonus bicolor* oder *Androctonus bicolor aeneas* handelt, sind seine

Androctonus spec., ein nordafrikanischer Dickschwanz-Skorpion. Foto: Paul Freed

Tarsen und Pedipalpenspitzen entweder orange-gelb oder orange.

Androctonus mauretanicus
Mauretanischer Dickschwanzskorpion
Er wird oft mit *Androctonus bicolor* verwechselt, bleibt aber wesentlich kleiner. Über seine Sozialisationsfähigkeiten kann ich nichts sagen. Er ist wenig aggressiv und auch dem Anfänger zu empfehlen.

Butheoloides monodi
Großer Skorpion, auch Großer Dickschwanzskorpion
Er ist kein Anfängertier, obwohl er sehr imposant mit seinen bis zu 15 cm Länge aussieht. Er ist schwarzgelb mit drei schwarzen Metasomasegmenten unter dem kräftig ausgebildeten Telson. Seine Herkunft (bei Einfuhrtieren)macht eine Haltung schwierig, da sein Verbreitungsgebiet von recht feuchten Gebieten (Elfenbeinküste)bis zu ariden Habitaten (Mauretanien, Marokko) reicht. Hier muss der Halter dann sein Fingerspitzengefühl beweisen, wenn er keine weiteren Angaben über die Herkunft des Tieres bekommen kann.

Buthus atlantis
Gelber Dünnschwanzskorpion
Ein bis zu 10 cm langer Wüsten-

oben: *Buthus occitanus,* der Mittelmeer-skorpion. Foto: Vince Hull-Williams

bewohner, der recht harmlos erscheint. Er verträgt ähnliche Haltungsbedingungen wie die *Androctonus*-Arten. Für den Laien ist er sehr schwer zu identifizieren.

Buthus occitanus
Gelber Mittelmeer-skorpion

Hier zeigt sich deutlich, wie falsch Trivialnamen sein können, da sein Verbreitungsgebiet von Frankreich bis Nordafrika und Palästina reicht. Europäische Exemplare sind bei niedrigeren Temperaturen (etwa 23 Celsius) und höherer Humidität (etwa 65% Luftfeuchte) zu halten. Tiere aus den Afrikanischen Ländern erfordern ähnliche Bedingungen wie *Androctonus* spec. Einzelhaltung ist besser, allerdings ist Pärchenhaltung über längere Zeiträume möglich.
Wichtig zu wissen ist, dass die Potenz des Giftes mit dem Vorkommen variiert: je südlicher das Ursprungshabitat liegt, desto gefährlicher ist auch das Gift, so dass es selbst für den Menschen fatale Folgen haben kann. Für

Hier schön zu sehen ein *Buthus* spec. aus Israel in seinem Terrarium.

Auf Grund der geringen Aggressivität ist *Buthus occitanus* auch für einen Anfänger geeignet. Allerdings ist immer die gebotene Vorsicht angeraten. Foto: Dr. R. Konig

den Anfänger auf Grund der geringen Aggressivitätsbereitschaft zu empfehlen. Die Tiere werden etwa 13 cm lang. Sie sind sandgelb, teilweise mit dunkleren Dorsalplatten. Typisches Merkmal ist die Lyra auf dem Kopfteil.

Centruroides exilicauda (ex-sculpturatus)
Kleiner Texasskorpion, Holzskorpion

Ein Tier, das man mittlerweile als Kulturfolger bezeichnen kann. Er ist einer der giftigsten *Centruroides*-Arten, der häufig zu Unfällen mit Todesfolge führt. (Stockwell hat andere Berichte via Internet verbreitet, die auf seiner eigenen Erfahrung beruhen.) Der Skorpion wird etwa 8 cm lang, ist hellbraun, sehr schlank und schnell. Er ist eigentlich ein reiner Wüstenbewohner, der sich aber wie schon gesagt als sehr anpassungsfähig erweist. Für den Anfänger absolut ungeeignet.

Centruroides gracilis
Brauner Centruroides

Ein kleiner, dunkelbrauner Rindenbewohner, der Trockenheit liebt. Er ist sehr gut zu vergesellschaften. Man muss nur beachten, wie klein die Babys sind – also es kommt nur ein völlig „dichtes" Terrarium in Frage. Für den Anfänger zu empfehlen.

Centruroides vittatus
Dreigestreifter Centruroides

Ein Trockenraumbewohner, der Rindenverstecke präferiert. Er ist leicht zu vergesellschaften und wenig kannibalistisch veranlagt. Sein Gift ist mild. Die Haltungsbedingungen sind ähnlich denen der vorher besprochenen *Centruroides*-Arten. Empfehlenswert für den Anfänger.

Hottentotta hottentotta
Roter Togoskorpion

Er ist ein sehr hübscher Skorpion, der leider schwer zu pflegen ist, wenn man das Ursprungsland nicht kennt. Am Besten bietet man ihm feuchte und trockene Stellen an und beobachtet sein Verhalten. Er hält sich gerne unter Wurzeln auf, was vermuten lässt, dass seine Umgebung eigentlich eine gewisse Humidität voraussetzt. Nur etwas für den erfahrenen Halter.

Andere Hottentotta-Arten, wie *H. franzwerneri* sind einfacher zu halten, aber in Deutschland kaum erhältlich.

Hottentotta hat als Synonymtaxum *Buthotus*.

Centruroides exilicauda aus Sonora, Mexiko. Foto: Ken Lucas

Centruroides exilicauda von der Insel Santa Catalina, Baja California. Foto: Ken Lucas

Isometrus maculatus
Baumskorpion
Ein Kosmopolit, der sich überall angesiedelt hat. Er bleibt recht klein und schlank, ist bedingt sozialisationsfähig. Er ist schwarz-braun mit weißlichem Muster, was ihn sehr leicht zu einem Verwechselungsopfer mit *Lychas* spec. werden lässt. Die Tiere lieben eine humides Klima mit gleichbleibenden Temperaturen von 27 Celsius und einer Luftfeuchtigkeit von ca. 75%. Es wird vermutet, dass eine Befruchtung zu mehrfachen Geburten führen kann. Für den Anfänger wegen der Verwechselungsgefahr wenig empfehlenswert.

Leiurus quinquestriatus
Gelber Fünfgestreifter Wüstenskorpion.
Ein sehr giftiger Skorpion und ein lebendes Tier. Innerartliche hohe Aggressivität. Ein sehr schöner, eleganter Skorpion bis zu 15 cm Länge. Seine Farbe reicht von hellgelb bis sandgelb, je nach Herkunft. Das letzte Metasomasegment sowie der Telson sind stets schwarz. Er ist ein extremer Wüstenbewohner, der ständige Anwesenheit von Feuchtigkeit nicht gut verträgt. Die Haltungstemperaturen müssen um 30 Celsius betragen, mit Absenkungen bis zu 20 Celsius während

Lejurus quinquestriatus, Fünfgestreifter Gelber Wüstenskorpion, einer der giftigsten Vertreter der Buthiden.
Foto: Ken Lucas

Parabuthus transvaalicus. Foto: Dr. R. Konig

Parabuthus liosoma. Foto: Dr. R. Konig

der Nacht. Es handelt sich um eine monotypische Gattung, d. h., es gibt keine Unterarten.

Mesobuthus gibbosus
Rindenskorpion

Ein Skorpion, den man gut in kleinen Gruppen halten kann. Außer seinem Versteck sollte das Becken trocken sein. Er liebt als Versteck Baumrinde und Wurzeln. Die Tiere sind bis zu 8 cm lang, schnell und sehr schlank. Die Giftpotenz ist eher als hoch einzuschätzen, was ihn aber bei vorhandenem Verantwortungsbewusstheit auch zu einem empfehlenswerten Anfängertier macht. Andere *Mesobuthus*-Arten müssen dem fortgeschrittenen Liebhaber vorbehalten bleiben, da ihre Giftigkeit um ein Wesentliches höher liegt.

Parabuthus transvaalicus
Transvaalskorpion, Südafrikanischer Dickschwanzskorpion

Ein mächtiges Tier, bis 15 cm. Sein Körperbau ist massiv und er ist ein ernst zu nehmender Gegner. Er weicht bei Reizungen nicht zurück, sondern verteidigt seinen Platz. Seine Farbe ist tiefschwarz mit einem massigen Metasoma. Streng arid zu halten. Er ist ein solitär lebendes Tier, das eigentlich nur zur Paarung einen Partner aufsucht. Man kann allerdings die meisten Parabuthus-Arten als Pärchen oder als Gruppe von zwei Männchen zusammen halten. Männliche Tiere sind graziler und habe eine kleinere Pedipalpenfaust,

während die Weibchen massiger sind und eine boxhandschähnliche Pedipalpenhand haben. Die Unterscheidung der Geschlechter ist allerdings für den Laien schwierig. Eine Besonderheit besteht darin, dass er sein Gift versprühen kann, um seine ärgsten Feinde (Mäuse etc.) abzuwehren. Der Sprühvorgang ist nicht mit dem einer Speihcobra zu vergleichen, da sein Gift keinen Oberflächenentspanner besitzt, so dass es tropfenweise und nicht nebelartig versprüht wird.
Alle *Parabuthus*-Arten sind nur für den Fortgeschrittenen geeignet.

Wir verlassen nun die Skorpione, die für den Menschen gefährlich werden können, die Buthidae. Die im Folgenden aufgeführten Tiere sind für den Anfänger recht gut geeignet, wenn er sich mit der Literatur und den Tieren vertraut gemacht hat. Man muss allerdings sagen, dass sich die Tiere arider Gebiete prinzipiell besser halten lassen als die humider Habitate, da der Pflegeaufwand wesentlich geringer ist.

Hadogenes troglodytes
Flacher Felsenskorpion, Südafrikanischer Felsenskorpion

Ein wahrhaft „monströses“ Tier, das bis zu 25 cm Länge erreichen kann, dem Menschen gegenüber jedoch völlig harmlos ist. Die Tiere lassen sich kaum vergesellschaften, sind für den Anfänger aber sehr geeignet, was auch für die anderen *Hadogenes*-Arten gilt, die nach dem gleichen Schema zu halten sind. Ein Be-

Hadogenes troglodytes, aus Zimbabwe.

Hadrurus arizonensis, der Großer Haariger Texas-Skorpion aus Arizona und Mexico.

cken, Grundfläche 30x20 cm minimal, Temperaturen um die 28-32 Celsius (Spitzenwerte dürfen, damit die Tiere gut fressen, teilweise bis zu 38 Celsius gehen = zweite Zeitschaltuhr für einen separaten Schalter). Das Becken ist mit einem festen Lehm-Sand-Substrat auszustatten, wobei die Höhe dieses eine geringe

Der Granulierte Felsenskorpion, *Hadogenes granulatus*. Foto: Vince Hull-Williams

Rolle spielt. Ein Steinaufbau mit flachen Steinen ist unbedingt erforderlich! Männchen haben wesentlich längere Metasomaglieder als die Weibchen, so dass der Geschlechtsdimorphismus sehr leicht zu erkennen ist. Die Tiere haben dermaßen mächtige Pedipalpen, so dass sie ihren Giftstachel faktisch nie einsetzen.

Hadrurus arizonensis
Großer Gelber Haariger Texasskorpion

Meiner Meinung nach das Anfängertier überhaupt (aride Haltung und mildes Gift und imposante Größe bis zu 15 cm)! Eine Paarhaltung ist möglich, die Geschlechtsunterscheidung ist jedoch nur durch einen Fachmann sicher möglich. das Tier ist völlig unaggressiv, aber recht lebhaft. Seine Farbe geht vom Hellgelb bis ins Grünliche (früher: *Hadrurus hirsutus)*, der Rücken ist oft moosgrün oder hell-anthrazit. Temperaturen um 25 Celsius, verbunden mit einer Luftfeuchte um 50% sind nahezu ideal. Die Skorpione werden bis zu zehn Jahre alt. Mein ältestes Exemplar, das nur noch ein Bein besitzt und deshalb mit der Pinzette gefüttert werden muss, ist mittlerweile mindestens 12 Jahre alt.

Der Asiatische Waldskorpion, *Heterometrus longimanus.* Foto: Vince Hull-Williams

Hadruroides lunatus
Peruskorpion
Ein semisozialer Skorpion, ideal für den Anfänger. Er stammt aus den Bergwäldern, aus Höhen von 100 m und mehr, daher fühlt er sich bei Temperaturen von 23 – 25 Celsius am Wohlsten, leichte Humidität (bis 65%) wird gerne akzeptiert. Die Babys sind sehr klein und mit Springschwänzen aufzuziehen. Die Tiere sind unscheinbar bräunlich in allen Schattierungen.

Heterometrus-Arten
(Die Gattung "Heteromorphus"gibt es definitiv nicht!)

Heterometrus spinifer
Heterometrus laoticus
Heterometrus longimanus
Heterometrus (Javanimetrus) cyaneus = Blauer Thaiskorpion
Heterometrus (Chersonesometrus) scaber = Schwarzer Thaiskorpion
Heterometrus (Gigantometrus) swammerdami

Alle diese Arten sind Pendants zu den *Pandinus*-Arten Afrikas. Ihre Haltungsansprüche ähneln denen ihrer Afrikanischen Verwandten, jedoch müssen die Luftfeuchtigkeitswerte um etwa 80% und Dauertemperaturen um 28 Celsius geboten werden. Alle Arten sind etwas aggressiver als die Afrikaner, aber auch semisozial. Sie nehmen große Futtertiere an. Ihre Farbgebung reicht von Braun über Olivgrün bis Blauschwarz, je nach Beleuchtung. Für den Laien ist eine Unterscheidung der Arten fast unmöglich. Wichtig ist, dass die Pedipalpen glatter sind als die der Pandinus-Arten und nicht so klobig. Die Tiere wirken insgesamt "gelackter" und eleganter. Die Giftpotenzen unterliegen Schwankungen, sind aber medizinisch völlig unbe-

Ein Kaiserskorpion beim Verzehr einer Heuschrecke. Foto: Vince Hull-Williams

deutend. Für den Anfänger bedingt geeignet, da ein Milbenbefall durch die Haltungsbedingungen sehr leicht auftritt. *Heterometrus (Gigantometrus) swammerdami* stellt auch hier einen Längenrekord von bis zu 20 cm auf. Die in Deutschland angebotenen *Heterometrus (Chersonesometrus) scaber* stellen ein Sammelsurium an verschiedenen Arten dar, die für den Laien nicht unterscheidbar erscheinen, untereinander aber oft verträglich sind, da sich ihre natürlichen Habitate teilweise überschneiden.

Pandinus (Pandinus) imperator
Kaiserskorpion

Neben *Pandinus (Pandinus) imperator* gehören noch *Pandinus (Pandinopsis) dictator* und *Pandinus (Pandinus) gambiensis* in den WA-Anhang B und sind somit unter Schutz gestellt und benötigen einen Herkunftsnachweis sowie eine Registrierungsnummer; außerdem sind sie der Unteren Naturschutzbehörde des Wohnortes zu melden. *Pandinus*-Arten sind sozial lebende Tiere, die man in großen Gruppen, auch verschiedener Größen, halten kann. Da ihr Verbreitungsgebiet vom Regenwald bis zur Trockensteppe reicht, sind die Haltungsansprüche sehr unterschiedlich. Die besten Erfahrungen habe ich mit Dauertemperaturen von 25-27 Celsius und Luffeuchtigkeitswerten von 65 – 70% gemacht. Sie nehmen gerne große Futtertiere an. Kannibalismus ist selten, sogar Jungtiere werden von großen Exemplaren in der Regel nicht gefressen, obwohl man sie der Sicherheit halber separieren soll. Die Tiere sind braun bis schwarz und können bis zu 20 (angeblich 25 cm) lang werden. Die Geschlechter kann man sehr gut an den Kammorganen unterscheiden:

Weibchen haben kurze, wenig zackige Kämme, während bei den Männchen die Kammzahl höher ist und die Pektine über den Seitenrand der Körper hinausragen. Die Nachzuchten sind nach einer Erfahrungsphase, während der man Lehrgeld zahlen muss, gering, so dass eigentlich Wildfänge nur zur Blutauffrischung der Natur entnommen werden müssten. *Pandinus* ist nicht das ideale Anfängertier, aber sicher einer der imposantesten und schönsten Skorpionarten.

Opisthophthalmus glabifrons
Gelber Feinsandskorpion
Glänzender Höhlenskorpion

Ein bis zu 15 cm großer Einzelgänger, der aus Gegenden kommt, die aus Feinsand bestehen. Hier fühlt das Tier sich wohl und kann recht alt werden. Alle *Opisthophthalmus*-Arten sind für den Anfänger geeignet und recht schöne Tiere, deren Farben von gelb bis braunrot variieren. *Opistophtalmus latimus* ist bis dato die einzige Art, die ich über längere Zeit zusammen halten konnte.

Scorpio maurus
Goldskorpion, Palmenskorpion

Ein bis zu 8 cm langer hübscher Skorpion, der in kleinen Kolonien semisozial in streng ariden Gebieten lebt. Besonders auffallend sind seine boxhandschuhähnlichen Pedipalpen. Die Tiere sind in der Regel recht teuer und schwer zu halten, so dass ich persönlich eine Haltung ablehne. Sie leben zwar in streng ariden Gebieten, graben dort aber bis zu 5 m tiefe Schächte, wo es deutlich kühler und feuchter ist, als an der Wüstenoberfläche. Mir ist es noch nicht gelungen, diese Gattung für längere Zeit zu halten.

Grundregeln der Skorpionhaltung

1. **Handling – so wenig wie möglich.**
2. **Völlig ausbruchsichere Terrarien verwenden, am Besten Terrarien mit Eingriff von oben oder Falltürterrarien verwenden.**
3. **Tiere niemals in die Hand nehmen.**
4. **Tiere mit Pinzette am dritten Metasomasegment packen und umsetzen oder nach der Vogelspinnenmethode mit einer Plastikbox.**
5. **Allergiker: keine Gifttiere halten.**
6. **Kinder und alte Leute niemals mit Skorpionen hantieren lassen.**
7. **Nach Stichunfall: Ruhe bewahren, Schocklage (Füße hoch) einnehmen, Arzt rufen, keine Barbiturate einnehmen. Vor Allem: KEINE PANIK. Meist ist der Schreck größer als die Verletzung.**

Opisthacanthus spec.

Opisthacanthus ist eine Skorpiongattung, die als einzige in der Neuen Welt und in der Alten Welt vertreten ist. Es handelt sich in der Regel um braune, bis braun-gelbe mittelgroße bis große Skorpione von (meist) recht friedfertigem Wesen. Sie leben ähnlich wie *Opisthophthalmus* in recht ariden Gegenden und so sehen auch die Haltungsbedingungen für diese Tiere ähnlich aus wie für *Opisthophthalmus* spec. Die Skorpione sind besser einzeln zu halten, da sie zum Kannibalismus neigen. Äußerlich ist es für den Halter sehr schwer, *Opisthacanthus* und *Opisthophthalmus* auseinander zu halten, da die Bestimmung auch für den Fachmann nicht so einfach ist, werden wohl oft beide Gattungen beim Händler vertauscht.

Vaejovis spinigerus

Ein kleinerer Skorpion, der südwestlich der USA lebt und hin und wieder den Weg in unsere Tierhandlungen findet. Er ist so zu halten, wie die Bewohner anderer arider Gebiete auch. Ein kleiner Behälter reicht hier aus, um den *Vaejovis spinigerus* unter zu bringen. Er frisst nur kleine Beutetiere, seiner Größe angemessen. Meiner Erfahrung nach tun ihm Temperaturen um die 28-32 Celsius gut.

Euscorpius mesotrichus

Dieser Skorpion wird etwa bis zu 4 cm groß. Seine Heimat ist das östliche Mittelmeergebiet. Häufig findet man ihn auf dem Balkan. Er ist hell oder dunkel gefärbt, meist in Brauntönen. Wie alle kleineren Skorpione benutzt er seinen Giftstachel fast immer zum Beuteerwerb, da seine Pedipalpen zu schwach sind, die Futtertiere zu überwältigen.

Haltungstemperaturen sollten nicht so hoch sein, 26 Celsius sind völlig ausreichend.

Euscorpius flavicaudus

Er wird etwa auch bis an die 4 cm groß, ist sehr dunkel, während sein Telson und auch die Laufbeine sowie die Pedipalpen gelblich sind. Er ist nach meinen Erfahrungen ein Einzelgänger, der nur zur Paarung Gesellschaft sucht. Sein Verbreitungsgebiet geht von Spanien bis Italien. Er ist unser alter Bekannter, der seit der Römerzeit in England ein Zuhause gefunden hat.

Euscorpius carpathicus

Er ähnelt *Euscorpius flavicaudus* sehr, bleibt aber in der Regel etwas kleiner. Die Haltungstemperaturen meiner Tiere liegen bei 24 Celsius. Wie sein Name schon sagt, lebt er in östlicheren Verbreitungsgebieten.

Euscorpius germanus

Ein echter Zwerg unter den bekannteren Skorpionen: nur etwa 2-2,5 cm lang. Die Ernährung besteht aus frisch geschlüpften Heimchen und Springschwänzen. Er ist sehr kälteresistent (bis 2000 m Höhe ist er in den Alpenregionen zu finden). Seine Haltungstemperaturen sollten 23-25 Celsius nicht überschreiten. Nur Kleinstplastikboxen eignen sich für seine Behausung.

Taxonomien

Die ganze Zeit über sprechen wir von Skorpionen, erwähnen verschiedene Namen, sprechen von Gattungen, von Arten, Familien und vielen anderen Fachbegriffen.
Was bedeuten diese überhaupt? Ich glaube, kaum jemand kann sich vorstellen, wie man zu so einer Bezeichnung kommt.
Die Gliederungen im Tier- und Pflanzenreich gehen auf Linné oder Linnaeus (mit latinisiertem Namen, was zu der damaligen Zeit chic war) zurück. Dieser Sytematiker unter den Naturforschern hat begonnen die bekannten Tiere zu benennen und in ein Gesamtsytem einzufügen. Ein solches System nennt man „Taxonomie", die Einzelnamen „Taxum" (im Plural: „Taxa"). Es gibt aber nicht eine Taxonomie. Parallel existieren verschiedene, je nach Auffassung eines Wissenschaftlers. Taxonomien sind einem stetigen Wandel unterworfen, denn es kommen immer neue Erkenntnisse zusammen, immer noch werden neue Tiere und Pflanzen entdeckt, so dass sich wissenschaftliche Einteilungen (Taxonomien) ständig ändern. Besonders krass und einschneidend war eine solche Änderung in den letzten zwei Jahren auf dem Gebiet der Vogelspinnen. Aber auch bei den Skorpionen tut sich einiges. Ich möchte im Folgenden kurz ein solches Taxonomie-Gebilde aufzeigen, damit sich auch der Laie einen Eindruck von der Komplexität zoologischer Systematik machen kann.
Wissenschaftliche Taxa kommen in der Regel aus dem Lateinischen oder Griechischen. Der Aufbau der Namen ist strengen, überall gültigen Normen unterstellt, deren Erklärung in diesem Rahmen zu weit führen würde.
Kommen wir nun zu unseren Arachniden im Besonderen (sie gehören zu den Arthropoda, den Gliederfüßern).

Arthropoda (Gliederfüßer)

1. Uniramia (dazu gehören: Insecta oder Hexapoda; Chilopoda; Diplopoda; Symphyla; Pauropoda)
2. Chelicerata (dazu gehören: Arachnida – Spinnentiere, Merostomata – Pfeilschwänze; Pantopoda – Asselspinnen)

3. Crustacea (z.B. Krebstiere)
4. Pentastomida (Zungenwürmer)

Neben dieser Taxonomie existieren andere, die noch mehr differenzieren. Die „Arthropoda" bezeichnet man als „Stamm", die Unterteilungen als „Unterstämme".

Die Arachniden oder Spinnentiere gliedern sich in 11 „Ordnungen", die ich kurz auflisten möchte:

Araneida – die eigentlichen Spinnen, ca. 35000 Arten
Amblypygida – Geißelspinnen, ca. 100 Arten
Pseudoscorpionida – Pseudoskorpione, ca. 3000 Arten
Scorpionida – Skorpione, ca. 1500 Arten
Uropygida – Geißelskorpione, ca. 180 Arten
Schizomida – Zwerggeißelschwänze, ca. 80 Arten
Palpigradida – Zwerggeißelskorpione, ca. 60 Arten
Solifugida – Walzenspinnen, ca. 840 Arten
Opilionida – Weberknechte, ca. 4000 Arten
Ricinulei – Kapuzenspinnen, ca. 50 Arten
Acarina – Milben, ca. 30 000 Arten.

Die Ordnung der Skorpione gliedert sich in neun Familien (heute sind schon neuere Taxonomien, die von mehr Familien ausgehen, aufgestellt worden):

Scorpionida
1. Buthidae,ca. 600 Arten
2. Scorpionidae, ca. 420 Arten
3. Ischnuridae
4. Diplocentridae, ca. 70 Arten
5. Chactidae, ca. 140 Arten
6. Vaejovidae, ca. 120 Arten
7. Iuridae, ca. 19 Arten
8. Bothrioridae, ca. 85 Arten
9. Chaerilidae, ca. 23 Arten.

Zusammengefasst werden die Familien immer nach Merkmalen, die diesen Familienangehörigen gemeinsam sind. Ebenso ist es mit den übergeordneten Taxa. Je genauer ein Taxum wird, desto ähnlicher werden sich die Tiere. Eine „Gattung" vereinigt Tiere, die sehr eng miteinander verwandt sind und oft auch untereinander kreuzbar. Die „Art oder Species" beinhaltet Tiere, die genau gleiche Eigenschaften haben und untereinander ohne große Änderungen verpaarbar sind.

Hier sei dies am Beispiel von *Androctonus australis* demonstriert. (Gattungs- und Artennamen werden in der Wissenschaft übrigens immer kursiv geschrieben.)

Ordnung: Scorpionida
Familie: Buthidae
Gattung: *Androctonus*
Art: *(Androctonus) australis*

Wichtig ist, daß an jedem Terrarium ein Verweis angebracht ist, welches Tier sich im Terrarium befindet.
Foto: Archiv bede-Verlag

Trivialname: Dickschwanzskorpion; Sahara-Dickschwanzskorpion; Gelber Dickschwanzskorpion; (USA: Fat Tailed Scorpion)
Auffällig ist, dass in der Anglo-Amerikanischen Literatur oft nur die Trivialnamen, die sich von deutschen Trivialnamen sehr stark unterscheiden, benutzt werden. So hat der deutsche Leser oft Probleme, welches Tier der englisch sprechende Wissenschaftler nun meint.
International anerkannt (wenn auch oft umstritten) sind aber nur die wissenschaftlichen Namen. Sie haben auf der gesamten Welt ihre Gültigkeit und jeder kann das Tier dann genau zuordnen.
So, hoffe ich, hat der Leser einen Eindruck bekommen, welchen Sinn wissenschaftliche Namen und Taxonomien haben. Wer sich hier näher einlesen möchte, muss schon zu Fachbüchern greifen, die aber oft für den „nur" interessierten Laien sehr schwer verständlich sind. Allerdings sollte jeder, wegen der potentiellen Giftigkeit der Skorpione, genau über seine Tiere und deren Namen Bescheid wissen.
Was ich oben über *Androctonus australis* geschrieben habe, gehört an jedes Skorpionsterrarium auf ein Etikett, damit im Falle eines Unfalles der behandelnde Arzt weiß, welches Tier gestochen hat.

Unglaublich – aber wahr!

Skorpione haben die Fähigkeit zu fluoreszieren. Dieses ungewöhnliche Phänomen ist unter dem Begriff Biophosphoreszenz bekannt. Unter ultraviolettem Licht beginnt ein Skorpion bläulich-weiß zu leuchten, was ihn zu einer geisterhaften Erscheinung werden lässt. Wenn man nachts im Freien auf der Suche nach Skorpionen ist, erzielt man mit einer Schwarzlichtlampe denselben Effekt, wodurch das Auffinden der Tiere um Vieles erleichtert wird. Skorpione haben nicht viele natürliche Fressfeinde, wenn man einmal von Meerkatzen und Pavianen absieht, für die Skorpione eine absolute Delikatesse darzustellen scheinen. In der Kalahari sind die Meerkatzen ständig auf der Jagd nach Skorpionen, die sie mit „Haut und Haaren" verspeisen, nachdem sie den Stachel abgebissen haben. Das Gift der Skorpione scheint bei ihnen wirkungslos zu sein. Skorpiongifte haben oftmals merkwürdige Nebenwirkungen. Der Stich von *Heterometrus spinifer* löst beispielsweise um die Einstichstelle herum eine vorübergehende Lähmung und grippeartige Symptome aus, was jedoch nur für etwa eine Stunde anhält. Mein Vater wurde in den fünfziger Jahren von einem Skorpion gestochen, der mit einer Holzlieferung aus Sierra Leone nach Großbritanien gelangte. Leider konnten wir an Hand der breiigen Überreste nur vermuten, um welche Skorpionart es sich handelte, denn die schnelle Reaktion einer seiner Kollegen, der das Tier sofort mit seinen schweren Arbeitsschuhen an weiteren Stichen hinderte, ließ nicht viel zum Bestimmen übrig. Der Stich dieses Skorpions erwies sich als ausgesprochen unangenehm. Die Hand meines Vaters schwoll auf das Dreifache ihrer normalen Größe an, und die Entzündung klang erst nach vier Wochen ab. Es waren glücklicherweise keine weiteren Nebenwirkungen oder bleibende Schäden zu verzeichnen. Ich kann jedoch mit Sicherheit sagen, dass, wäre mein Vater heute noch am Leben, es mich viel Überredungskunst kosten würde, ihn zu einem Besuch bei mir zu überreden. Skorpione sind bis heute so etwas wie ein Geheimnis geblieben. Die Arten, die erhältlich und für die Terrarienhaltung geeignet sind, können uns viel lehren und uns dabei helfen, einige ihrer Geheimnisse zu ergründen. Man mag sie hassen oder lieben, aber man kann nicht umhin, ihre Anpassungsfähigkeit zu bewundern, die ihnen trotz ihrer bis heute erhaltenen Ursprünglichkeit bereits seit Millionen von Jahren das Überleben gesichert hat. Man kann sich nicht dagegen wehren, mehr über sie erfahren zu wollen, und ich hoffe, dass es mir gelungen ist, bei den Lesern dieses Buches ein neues Interesse für Arachniden geweckt und ihnen eine neue Perspektive eröffnet zu haben.

Schlußwort

Hier halten Sie ihn nun in den Händen - den Leitfaden, den ich Ihnen zum Thema Haltung, Zucht und Pflege von Skorpionen bieten kann. Wenn Sie Fragen haben und nach einer Antwort suchen, können Sie sich gerne vertrauensvoll an mich wenden. Schreiben Sie mir bitte an die folgende Adresse:

Ann Webb c/o British Tarantula Society,
British Tarantula Society
Head Office
3 Shepham Lane
Polegate, East Sussex
BN26 6LZ
www.thebts.co.uk/
Repräsentant für Europa:
Eddy Hijmensen,
E-Mail: eddy@thebts.co.uk

Legen Sie Ihrem Schreiben bitte einen Rückumschlag und einen internationalen Antwortschein der Post bei. Es wird mir eine Freude sein, Ihre Fragen zu beantworten.

Wenn Sie mit dem Gedanken spielen, sich einen Skorpion anzuschaffen, rate ich Ihnen eingehend dazu, sich diese Entscheidung vorher gründlich zu überlegen. Vergessen Sie nicht, dass es sich hier um Wildtiere handelt, die in jedem Fall in ihrem natürlichen Lebensraum besser aufgehoben sind, als in einem Terrarium. Sie sind recht berechenbar, manchmal aggressiv, jedoch stets faszinierend. Wie alle anderen exotischen Lebewesen verlangen auch sie eine spezielle Pflege, und ich hoffe, ich konnte Ihnen mit diesem Buch in einfachen und verständlichen Worten möglichst viele Informationen über die Ansprüche von Skorpionen vermitteln.

Es wird nicht immer einfach sein, die ins Auge gefaßte Art schnell in einem lokalen Zoofachhandel zu erwerben, und häufig wird man nicht umhin kommen, sich an einen der vielen Zoofachversandhändler zu wenden, was nicht das Falscheste ist, wegen des großen Angebotes. Dabei sollte nicht vergessen werden, dass in vielen Ländern und auch einigen Bundesländern die Haltung, der Handel und auch der Transport von Gifttieren gesetzlich geregelt sind. Informieren Sie sich also in jedem Fall bei Ihrer Stadtverwaltung, welche gesetzlichen Bestimmungen für ihren Wohnbereich zutreffen. In jedem Fall sollten Sie die eventuell erforderlichen Haltungsgenehmigungen vorher bei den zuständigen Behörden beantragen und sich auch mit den für Sie gültigen Postbestimmungen zur Beförderung von Gifttieren auseinandersetzen. Sind all diese Hürden genommen und ist das Terrarium bezugsfertig vorbereitet, dann können Sie zum Kauf schreiten und einer hoffentlich faszinierenden und interessanten Zukunft mit Ihrem neuen Pflegling entgegensehen.

Viel Spaß dabei!